牦牛 疾病防治技术

MAONIU
JIBING
FANGZHI
JISHU

常振宇　王雅静　主编

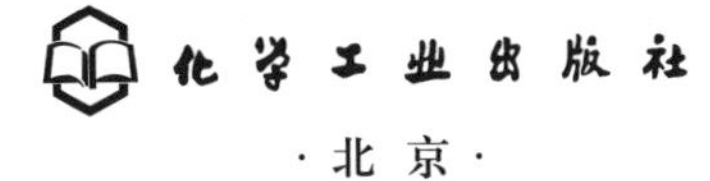

化学工业出版社
·北京·

内容简介

本书以近些年西藏牦牛实发常见疾病为主要描述对象，重点介绍牦牛常见病毒病、细菌病、寄生虫病、其他病的流行特点、临床症状、病理剖检、诊断要点和综合防治方法等。通过对以上内容的系统分析和介绍，使读者全面了解牦牛常见疾病的综合防治策略，并提高对牦牛常见疾病的诊断与治疗水平。

图书在版编目（CIP）数据

牦牛疾病防治技术 / 常振宇，王雅静主编. -- 北京 ： 化学工业出版社，2025. 3. -- ISBN 978-7-122-47372-1

Ⅰ. S858.23

中国国家版本馆 CIP 数据核字第 20251Q9U69 号

责任编辑：邵桂林　　文字编辑：杨永青　张熙然
责任校对：杜杏然　　装帧设计：韩　飞

出版发行：化学工业出版社
（北京市东城区青年湖南街 13 号　邮政编码 100011）
印　　装：北京云浩印刷有限责任公司
850mm×1168mm　1/32　印张 7½　字数 168 千字
2025 年 5 月北京第 1 版第 1 次印刷

购书咨询：010-64518888　　售后服务：010-64518899
网　　址：http://www.cip.com.cn
凡购买本书，如有缺损质量问题，本社销售中心负责调换。

定　　价：39.80 元

编写人员名单

主　编： 常振宇　王雅静

副主编： 吴庆侠　董海龙
徐　平　叶幼荣

其他编写人员（按姓氏笔画排序）：

马红伟　孙建春　刘　凯
刘瑞冬　齐　鸣　任晓丽
李　聪　李善政　吴　萍
邹雨婷　陈　觅　林诗琪
俞鑫鑫　贾乐娟　桑木旦
徐文静　黄鹏程　黄雨榕
曹志鹏　康　生　黎远亮

前言

PREFACE

牦牛是高原地区特有的畜种，在高原农牧民的生产生活中占据着重要地位。牦牛属于高寒山地畜种，适应高海拔、低氧、强紫外线等恶劣环境，具有耐粗饲、抗寒、抗病等特点。随着社会经济的发展和人民生活水平的提高，牦牛产品的市场需求日益增长。然而，受传统养殖模式、疾病危害、技术水平等因素的制约，我国牦牛养殖业发展还比较滞后，养殖效益不高，产业化、规模化程度低。近年来，牦牛常见疫病仍危害严重，造成了相当大的社会经济损失，影响着其产品质量。

针对牦牛养殖中存在的问题，为了科学指导和推进牦牛疫病的综合防控，保障牦牛产业健康发展，实现牦牛产业可持续发展，我们编写了《牦牛疾病防治技术》。本书的特色是立足于西藏当地牦牛常发疫病，针对牦牛养殖中存在的问题，进行科学指导和推进牦牛疫病的综合防控，保障和实现牦牛产业的可持续、健康发展。本书与生产实践紧密结合，可以指导有关科研人员、基层动物防疫与检疫人员进行牦牛的疫病防控，还可以作为动物医学专业本科生和研究生教学参考书。

参加本书编写的人员来自以下单位：西藏农牧学院（常振宇、吴庆侠、董海龙、叶幼荣、曹志鹏等）、华南农业大学兽医学院（王雅静、吴萍、李聪、贾乐娟等）、西藏自治区农畜产品质量安全检验检测中心（徐平、黄鹏程等）和林芝市农业农村局（齐鸣）。

本书为西藏农牧学院动物医学教学团队建设项目成果之一。西藏农牧学院动物医学教学团队在建设过程中，始终紧跟西藏农牧学院的办学定位：立足高原、面向西藏、服务“三农”。本书在编写过程中得到了很多同行的大力帮助，尤其是西藏部分地市的一线工作人员为我们提供了很多宝贵的资料。

本书系统性、实用性较强，力求让书中内容能够尽可能地反映西藏当地牦牛常见病的现状，为牦牛疾病提供诊断依据。鉴于编者知识结构和经验有限，书中难免有不足之处，敬请广大读者批评指正，以使本书日臻完善。

编　者

2025 年 2 月

目 录
CONTENTS

第三章　牦牛寄生虫病防治 126

第一章 牦牛病毒病防治

第一节　口蹄疫

口蹄疫（foot and mouth disease，FMD）又称“口疮”“蹄癀”和“五号病”等，是由口蹄疫病毒（foot and mouth disease virus，FMDV）引起的牛、羊、猪等偶蹄类动物多发的一种急性、热性和高度接触性传染病，以黄牛和牦牛最易感。该病主要以成年动物的口腔黏膜、鼻镜、蹄部以及乳房等部位出现水疱和破溃，幼龄动物出现心肌损伤而导致高死亡率为临床特征。口蹄疫广泛分布于世界各地，具有严重的危害性，世界动物卫生组织（World Organization for Animal Health，WOAH）将本病列入世界动物卫生组织疫病名录，我国动物病原微生物分类名录将口蹄疫病毒列为一类动物病原微生物。

【病原】口蹄疫病毒属单股正链 RNA 病毒，粒子直径为 20～25nm，是微核糖核酸病毒科口蹄疫病毒属的代表种。病毒呈表面光滑的球形，无囊膜，变异性强，因此该病毒包含多个血清型，目前为止，在全世界主要有 A、O、C、Asia-1（亚洲 1 型）、SAT1、SAT2 和 SAT3（南非 1、2、3 型）七个主型，同型内又可进一步划分亚型，我国流行的有 A 型、O 型和 Asia-1 型。不同血清型之间无交叉免疫保护力或交叉免疫性极低，如 A 型口蹄疫感染病畜康复后仍有感染其他血清型口蹄疫的风险，进一步增加了防治和消灭口蹄疫疫病工作的难度。

口蹄疫病毒对环境的抵抗力较强，在自然条件下，含病毒组织或被病毒污染的饲料、饮水、皮毛及土壤等在数周至数月的时间内仍可保持感染性。该病毒在水疱皮内和水疱液中含量最高，且尤其耐低温，在－30℃的环境中可存活 12 年，在 50％甘油生理盐水中 5℃下可存活一年以上，因此常用此方法保存送检的水疱皮或水疱液样本。食盐、酚类、乙醇、氯仿等均对该病毒无效，但其对高温、紫外线和酸、碱的耐受性较差，85℃加热 1min 即可使病毒失活，常用的消毒药物如 1％的氢氧化钠溶液、2％的甲醛溶液或 0.2％的过氧乙酸溶液等均对口蹄疫病毒有较好的杀灭作用。

【流行特点】 牛口蹄疫具有发病急、传播快、传染性强等特征。本病无明显的季节性，但在牧区的流行有一定的季节性和周期性，多从秋末开始，冬季加剧，春季减轻，夏季平息，每隔三五年流行一次。

1. 传染源

感染口蹄疫的病牛或处于潜伏期和愈后带毒的牛是主要的传染源。其在打喷嚏、咳嗽、排尿、排便时会将病毒排出体外，从而污染周围环境、物品、饲料，导致其他牛接触感染病毒进而发病。

2. 传播途径

口蹄疫病毒的传播方式以直接接触传播和间接接触传播为主。直接传播主要是在群牧和密集饲养的环境中，病牛将口蹄疫病毒通过粪便、尿液、乳汁等排出体外，直接传染了其他健康动物，被污染的饲料、牧草、水源等被食用也会造成感染。间接传播是通过人员、昆虫、野生动物等携带病毒的媒介传播。饲养人员不规范操作、被污染的车、使用未经消毒的物品等均可造成口蹄疫的流行。口蹄疫还可通过气溶胶进行空气传播，因此本病能够借助风实现大范围、跨越式传播。

3. 易感动物

口蹄疫病毒有33种易感宿主，但以偶蹄类动物易感性高，最易感的是黄牛，其次即为牦牛，人类偶尔也能感染。口蹄疫可发生于任何年龄阶段的牛，但犊牛发病率、死亡率远高于成年牛。

【临床特征】一般潜伏期为2～5d，发病动物早期体温升高至40～41℃，精神不振、食欲减退，口流黏性带泡沫的涎水。继之出现口腔病变，唇内侧、舌、牙龈等多个部位出现黄豆般大小的水疱，水疱融合并破溃，形成红色烂斑。随后在病牛蹄部的蹄冠、趾间和蹄踵皮肤出现水疱，破溃后形成糜烂面，结成栗色痂皮，如病情出现反复、延长，继发感染严重可致蹄匣脱落，病牛跛行、无法站立。泌乳期奶牛皮肤出现水疱，容易继发乳腺炎，导致泌乳量显著减少，并伴有体重减轻、身体虚脱；受孕母牛常发生流产。成年牦牛通常在发病后一周左右痊愈，病死率在3%以下。幼年牦牛感染后不会出现明显的水疱症状，主要表现为出血性肠炎和心肌炎，死亡率高。

【病理剖检】临床上根据病型不同分为良性口蹄疫和恶性口蹄疫。

1. 良性口蹄疫

病死率低，是最常见的一种病型。病变主要是在皮肤黏膜和少毛与无毛部位的皮肤上出现水疱、烂斑等。口腔黏膜及黏膜下组织分离，舌表层上皮细胞坏死，咽喉、气管和支气管出现溃疡性病灶，在真胃和肠黏膜可见出血性胃肠炎表现。组织病理学变化主要表现为皮肤棘层的棘细胞肿大、变圆而排列疏松，浆液性浸出物于细胞间积聚，之后随病程发展，细胞发生气球样变，彼此脱离。颗粒层、透明层和角质层细胞发生网状变性，即细胞变性肿胀，但细胞间连接未被破坏，彼此连接呈细网状。气球样变及网状变性细胞在蛋白酶作用下进一步发生溶解性坏死、液化，形成微细水疱，小水疱融合即形成肉眼可见的大水疱。良性口蹄疫呈良性转归，如病变部位继发细菌感染，常可导致脓毒败血症而死亡。

2. 恶性口蹄疫

病死率可达20%～50%，可因良性病例恶化引起，更多见于机体抵抗力弱或病毒致病力强所致的特急性病例。主要病变包括变质性心肌炎和变质性骨骼肌炎，口蹄疮变化不明显。犊牦牛心肌病变明显，表现为心肌眼观呈灰白色或灰黄色，质地变软，于室间隔、心房、心室肌上散在有灰黄色条纹状和斑点样病灶，状似虎皮斑纹，故称“虎斑心”。镜检见心肌纤维肿胀，出现颗粒变性和脂肪变性，严重时呈蜡样坏死并断裂。病程长时可见变性肌纤维间质内浆细胞和成纤维细胞增生，形成局灶性纤维性硬化，并有钙盐沉着。骨骼肌病变多见于成年牦牛，常发生在颈部、臂部、肩胛部和股部肌肉，病变与心肌变化相似，即在肌肉切面可见灰白色或灰黄色条纹和斑点。

【诊断要点】该病可根据流行病学、临床症状和病理变化的特点作出初步诊断，但确诊应采集有临床症状动物的水疱皮、水疱液、食管-咽部分泌物，也可采集未见明显临床症状易感动物的血清进行实验室诊断。病料可参照国家标准《口蹄疫诊断技术》

（GB/T 18935—2018）进行规范采集和保存。

1. 病原学检测

需在严格隔离的P3实验室内进行，病毒分离培养鉴定是传统的口蹄疫病原“金标准”检测方法，指将病料接种于敏感细胞或乳鼠、豚鼠等实验动物进行口蹄疫病毒的分离培养并鉴定。

2. 血清学检测

常用的方法包括病毒中和试验（VN）、酶联免疫吸附试验（ELISA）、补体结合试验等。ELISA方法是目前国际贸易中检测进出口动物是否感染口蹄疫病毒最常用、最有效的方法，其不仅可以检测病料也可以检测血清，直接鉴定病毒的亚型，具有快速、敏感、特异的特点。

3. 分子生物学检测

是运用分子生物学方法，如反转录-聚合酶链式反应（RT-PCR）对样品进行口蹄疫病毒核酸序列检测，能够应用于口蹄疫疫情初诊，具有灵敏度高、一次检测样品数量多的特点。

【防治要点】

1. 规范化管理

建立规范的人员管理、车辆运输使用、引种等制度。保持合理的牛舍圈养密度，牛舍保证良好的通风与环境干燥，每日清洁并定期消毒，避免饲草和饮水受到污染。为合理利用草场，提高牦牛生产性能，还可对牦牛根据不同特点进行分群放牧，能使牛群相对安静，采食及营养状况相对均衡。

2. 封锁与扑杀

当确认发生口蹄疫疫情，应按照“早、快、严、小”的原则，立即上报当地动物防疫部门，迅速作出处置并进行疫点、疫区和受威胁区的划分，禁止人、动物及动物产品流动。对同群牦牛进行封锁、隔离，严格扑杀病牛，进行无害化处理，并对疫情区域进行全面消杀，阻断口蹄疫病毒的传播途径，同时对其他动物及受威胁地区牦牛进行紧急免疫接种。

3. 免疫接种

我国针对口蹄疫采取强制性免疫措施，在春秋接种两次与流行毒株相同血清亚型的疫苗是我国现行有效的预防方法。

第二节　牛冠状病毒病

牛冠状病毒病是由牛冠状病毒（bovine coronavirus，BCoV）引起的犊牛腹泻、成年牛冬季痢疾和不同年龄阶段牛呼吸道感染的传染性疾病。BCoV 主要感染牛，也可以感染野生反刍动物，还能导致人的腹泻。近年来，牛冠状病毒病在全球流行范围较广，我国《一、二、三类动物疫病病种名录》将其纳入了三类动物疫病中的牛病病种名录。该病发病率高、死亡率低，目前尚无治疗的特效药，因此及时发现患病牛并采取相应措施至关重要。

【病原】牛冠状病毒属于冠状病毒科，β冠状病毒属 2a 亚群成员，为单股正链 RNA 病毒，长度约 30kb，是目前已知 RNA 病毒中基因组最大的正链病毒。病毒粒子具有多形性，但基本呈球形，直径为 65～210nm，有囊膜包被，囊膜表面镶嵌着较长的刺突蛋白排列成冠型，因此又称为“日冕病毒”。BCoV 只有一种血清型，主要结构蛋白基因是 *N* 基因，其在病毒致病性中起重要作用，具有高度保守性，所以可用于 BCoV 的检测和鉴定。

BCoV 具有较高的耐酸性，但对洗涤剂和脂类溶剂（乙醚、氯仿）敏感，易被来苏尔等常规消毒剂、福尔马林和紫外线等灭活。对热敏感，在 57℃下热处理 10min 可灭活，在 37℃情况下热处理数小时可以消除其感染性。

【流行特点】 BCoV 在我国的报道相对较晚，但在国内大多数地区都普遍存在，具有较高的流行性和广泛的传播范围。其在外界温度较低和紫外线强度较弱时更易存活，因此冬春季更易发生。

1. 传染源

主要为患病带毒牛，该病毒在亚临床感染的成年牛体内可持续存在，因此会导致成年牛的反复感染，患病孕牛的血液和粪便等分泌物中均可检测到病毒的存在，因此被感染的受孕母牛是新生犊牛感染的主要传染源之一。

2. 传播途径

主要通过呼吸道气溶胶和粪-口发生水平传播，一般成群发病。病牛可以通过呼吸道飞沫近距离感染健康牛，带毒牛持续通过粪便以及鼻腔分泌物等将病原排出体外从而污染周围环境，造成环境长期带毒，引起牛群的感染。该病毒在自然环境中一般可保持 3d 以上的感染性。

3. 易感动物

BCoV 的宿主范围广，可以感染各个年龄段的牛，其中 1～7d 的犊牛由于体内母源抗体开始减少，因此易感性最大，成年牛感染一般表现为冬季痢疾。

【临床特征】

1. 新生犊牛腹泻

潜伏期为1～7d，临床症状可持续3～6d。发病犊牦牛多表现为精神沉郁，食欲下降，伴有腹泻，排出淡黄色或灰白色水样粪便。BCoV能够感染犊牦牛全段肠道，破坏肠道上皮细胞导致犊牦牛无法对乳汁进行消化，因此粪便中多带有乳凝块、黏液或血块。长时间的吸收不良性腹泻导致进行性脱水、代谢性酸中毒和低血糖，严重时还会出现发热、血液循环障碍，甚至急性死亡。部分感染的犊牛还会伴有轻微的呼吸道疾病症状，出现肺炎肠炎综合征。

2. 成年牛冬痢

潜伏期为2～8d，发病率高达100%，但病死率低，进行支持性治疗后一般会在1～2周内恢复。通常在冬季流行，临床表现为成年牦牛突然腹泻，粪便带血，出现精神沉郁、发热、厌食、脱水等症状，严重时会导致贫血。

3. 呼吸道症状

呼吸道BCoV可以感染不同年龄段的牦牛，病牛的临床症状包括流鼻涕、咳嗽、呼吸困难和发热等，同时可能伴有间质性肺炎和Ⅱ型肺泡细胞增生。

【病理剖检】组织病理学可见肠隐窝上皮细胞出现变形、坏死和斑点性出血，结肠和直肠腔内可能有细小的出血点或大的血块。

【诊断要点】牛冠状病毒常与其他病毒、细菌或寄生虫混合感染，因此临床确诊较为困难，根据动物的病史、流行特点、临床症状和病理变化，只能初步诊断为牛冠状病毒感染，仍需通过实验室诊断技术进一步确诊。

1. 病原学检测

主要包括电镜观察和病毒分离培养鉴定。电镜观察是通过病毒粒子的形态特征进行初步判定，该方法鉴定速度快，检测结果准确性高，但当粪便样品中病毒粒子含量少时，则不易检出。病毒分离培养鉴定是诊断 BCoV 最可靠的方法之一，但原始毒株分离较困难，且培养条件较高，耗时较长，不适用于大量样品的检测。

2. 血清学检测

包括血凝和血凝抑制试验（HA/HI）、中和试验和酶联免疫吸附试验（ELISA）。因为粪便样品中含有非特异性的血液凝集素，在血凝试验时容易产生干扰，因此通常会选择使用 ELISA 方法检测 BCoV，具有操作简单、特异性好、灵敏度高的特点。

3. 分子生物学检测

反转录-聚合酶链式反应（RT-PCR）是检测 BCov 最常用的一种诊断方法，其基于牛冠状病毒基因组的保守区域 *N* 基因设计特异性引物，来检测样品中的病毒核酸，具有较高的特异性和敏感性，也是 RNA 病毒最常用的分子生物学检测方法。

【防治要点】目前尚无针对牛冠状病毒感染的特效治疗药，通常采用的是支持性治疗法。主要包括给患病犊牛补充体液、葡萄糖和电解质等来治疗脱水、低血糖、电解质紊乱等症状。对于成年牛冬季痢疾一般不用进行特殊治疗也可自愈，但对于严重腹泻造成脱水的，可以及时补充体液，使用收敛止泻药物及肠黏膜保护剂等进行治疗。预防 BCoV 感染最有效的方法是疫苗接种，国内尚无获批准的牛冠状病毒疫苗，但国外已有两种可用于预防新生犊牛冠状病毒感染的疫苗。第一种是灭活疫苗，妊娠晚期母牛接种这类疫苗，使乳汁中产生母源抗体，犊牛通过吮吸母牛的初乳来增强被动免疫，达到预防效果。第二种是减毒活疫苗，新生犊牛通过口服摄入，获得主动免疫。此外加强饲养管理，保持牛舍干燥、通风，定期对牛舍内进行消毒，为牛群提供舒适的生活环境，都能够有效预防牛冠状病毒的传播。

第三节　牛病毒性腹泻

牛病毒性腹泻（bovine viral diarrhea，BVD），又称牛黏膜病（mucosal disease，MD），是由牛病毒性腹泻病毒（bovine viral diarrhea virus，BVDV）引起的主要感染牛的一种病毒性传染病。以白细胞减少、发热、消化道黏膜出血甚至坏死和腹泻为临床特征。BVDV 在感染牦牛后可造成牦牛免疫抑制和持续性感染，从而形成长期带毒乃至终身带毒状态，给牦牛养殖业带来严重的经济损失。该病发病率高，死亡率低，WOAH 将其定位为 B 类传染病，在我国《一、二、三类动物疫病病种名录中》属于三类动物疫病。

【病原】牛病毒性腹泻病毒在分类上属于黄病毒科瘟病毒属成员之一，是一种有囊膜的单分子线性正链 RNA 病毒。病毒粒子呈球形，直径为 40～60nm，具有 4 种结构蛋白，只有一种血清型，与同属病毒间具有血清学交叉反应。BVDV 根据致病性、抗原性和基因序列的差异，可以分为 BVDV1 型和 BVDV2 型两种，二者均可以引起牛病毒性腹泻和黏膜病。其中 BVDV1 型可根据 *E2* 基因和 N^{pro} 基因的序列差异进一步分为 21 个基因型，普遍应用于疫苗的生产、诊断和研究。而 BVDV2 型已描述了 4 个亚基因型，其毒力比 BVDV1 更强，可引起成年牛急性发病，导致血小板减少及出血综合征。

牛病毒性腹泻病毒对外界环境因素的抵抗力不强，对酸、乙醚、氯仿、胰酶等较为敏感，在氯化镁溶液中则常不稳定。因此一般消毒液、pH 3 以下条件或加热至 56℃均可灭活。但该病毒在低温环境下较为稳定，在－70℃下血液和组织内的病毒仍可存活多年。

【流行特点】BVDV 多呈地方性流行，在封闭式牛群中多以暴发式发病，新疫区通常急性病例多，发病率低但死亡率高；而老疫区多呈隐性感染，发病率和病死率均低。该病在自然情况下极易传播，一年四季均可发生，多见于冬春季。

1. 传染源

患病动物和带毒的持续性感染动物都是主要传染源。病牛的排泄物和分泌物中均含有大量病毒，可引起牛群病毒性腹泻的发生。隐性感染牛以及持续性感染孕牛所产下的犊牛，不会表现出明显的症状，但也是引起 BVD 发病的主要来源。

2. 传播途径

BVDV 的传播方式主要有水平传播和垂直传播两种。水平传播可通过消化道和呼吸道感染，包括直接接触病牛，间接接触被污染的饲料、饮水、用具、昆虫等传播媒介。垂直传播是 BVDV 通过精液、胎盘、乳汁等传染给犊牛，BVDV 感染妊娠后期的母牛，可通过胎盘感染胎儿，幸存犊牛也会感染 BVDV，并成为持续性感染牛，终生带毒、排毒。因此检测和清除持续性感染牛是防控本病的重点和难点。

3. 易感动物

BVDV 的自然宿主包括牛、羊等反刍动物和猪。不同品种、性别和年龄的牛均易感，其中6～18月龄的犊牛发病率最高，其他年龄的牛多呈隐性感染，且肉牛要比奶牛更易感。

【临床特征】一般自然感染潜伏期为7～14d，人工感染潜伏期为2～3d。常发病牛群中只有少量病例会表现出临床症状，大部分呈隐性感染，临床症状不明显，但奶牛会出现产奶量下降。

1. 急性BVDV感染

多见于犊牛和免疫功能健全牛。表现为突然发病，出现不同程度的高热，持续4～7d，随体温的升高，出现白细胞和血小板数量减少，引起免疫抑制；病牛精神沉郁、厌食、眼部和鼻腔有浆液性分泌物，流涎。2～3d后鼻腔和口腔黏膜糜烂、溃疡，呼气恶臭，同时发生严重的水样腹泻，粪便带有黏液和血液。通常死于发病后1～2周，少数病程可延长至1个月或转为慢性。当感染急性BVDV的犊牛被动获得的母源抗体不足时，还可能会导致肠炎和肺炎等症状。

2. 慢性BVDV感染

一般无明显的发热，最明显的表现为牦牛鼻镜发生糜烂，眼部有浆液性分泌物，蹄叶炎和趾间皮肤出现糜烂坏死导致跛行，皮肤皮屑增多，淋巴结肿大，部分病牛发生腹泻，大多数患病牛会在2～6个月内死亡，少数可拖延至一年以上。

3. 持续性感染

持续性感染是BVDV感染的一种典型模式。妊娠期母牛在感染BVDV后常表现为流产、早产、产死胎、畸形胎或新生胎儿持续性感染。引起持续性感染的原因主要是胎牛在母牛妊娠前5个月时，免疫系统没有发育完全，不能特异性识别和清除通过胎盘屏障的 BVDV 病毒，从而导致病毒在胎牛体内大量增殖。大部分持续性感染犊牛表现健康，没有明显的临床症状，但其体内没有 BVDV 抗体，处于免疫耐受状态，可以终身带毒排毒，是 BVDV 传播过程中重要的传染源。

【病理剖检】最明显的病变见于牦牛消化道黏膜，整个口腔黏膜、鼻镜、鼻腔黏膜等可见糜烂灶，特征性病变是食管黏膜糜烂，呈现大小不一的坏死灶纵行排列。胃黏膜发生炎性水肿、糜烂，有时可在糜烂灶中看见红色出血区。肠壁潮红、水肿增厚，肠淋巴结肿大，呈急性卡他性炎症变化。蹄部皮肤常见糜烂、溃疡和坏死。

镜下可见消化道黏膜上皮细胞空泡变性乃至坏死、脱落和溃疡形成。固有层水肿，有数量不等的白细胞浸润和出血。肠淋巴结明显损害，最突出的变化是淋巴小结和脾白髓的淋巴细胞显著减少，生发中心坏死，并有出血。

【诊断要点】本病初步诊断可以在流行地区根据临床表现和流行病学来判断。病牛表现出体温升高、白细胞减少，急性感染出现严重腹泻，消化道黏膜糜烂性炎症、溃疡、出血等临床特征都能为初步诊断 BVDV 感染提供依据。但由于本病许多病例呈亚临床感染，没有典型的病变，因此作出进一步的确诊还需要采用实验室检查。

1. 病原学检测

① 电镜检查下可见直径为 40～60nm，有囊膜包被的球形 BVDV 颗粒。病毒粒子存在于细胞胞浆、空泡及扩张的内质网中，形态规则。

② 病毒的分离鉴定是检测 BVDV 最基础的技术，也是鉴定 BVDV 感染的“金标准”。目前最常使用的方法是感染传代牛肾细胞，如果是致细胞病变型毒株，可观察到细胞皱缩变圆，间距增

大，胞浆内出现边缘整齐大小不等的空泡，以及网状的胞质状突起物，最后细胞脱落，形成空斑，脱落细胞聚集后形成合胞体和巨细胞的典型细胞病变。如需检查无细胞病变病毒，则可采用免疫荧光等方法。

2. 血清学检测

① 血清中和试验是对 BVDV 或抗体进行定性或定量分析的一种方法，广泛用于 BVDV 的血清学调查，是世界动物卫生组织（WOAH）推荐的检测 BVDV 抗体的标准方法之一。该方法敏感性高、特异性好、可重复性强。

② 常用间接 ELISA 和阻断 ELISA 进行诊断，操作容易，适用于大规模检测样品。

3. RT-PCR

对细胞病变型（CP 型）和非致细胞病变型（NCP 型）毒株均可检测，目前已广泛应用于牛病毒性腹泻的鉴定、分型和遗传进化分析。该方法敏感性高、特异性强，多次检测时可筛选出群体样品中的持续性感染动物，而且还能根据引物的特异性区分 BVDV1 型和 BVDV2 型，对 BVDV 的防控具有重要作用。

【防治要点】

1. 检疫及措施

加强检疫，防止病原传入。由于各地区发病情况不同，建议群体检测 BVDV 抗体，了解舍内牦牛感染情况，净化后制定合理检测计划，保持牧区 BVDV 检测阴性。坚持“自繁自养”原则，引种时必须进行血清学检查，绝不从 BVDV 的疫地引入种牛，确定血清为阴性，隔离观察后方可合群。

2. 预防及病牛处理

(1) 免疫接种　用弱毒苗或灭活苗进行免疫接种，是预防BVDV的主要方法之一。一般只对6月龄至2岁牛进行预防接种，肉用牛应在断奶前后的数周内，即6～8月龄进行接种。

(2) 病牛处理　本病目前为止尚无有效的治疗方法。发生BVDV感染时，应迅速隔离病牛，可在严格隔离的条件下对患牛实施对症治疗，使用消化道收敛剂及输入电解质溶液防止脱水的支持疗法促进病牛康复，同时应用抗生素和磺胺类药物防止继发细菌感染。对于预后不良及持续性感染牛需及时扑杀，并实施无害化处理，对饲养场地进行严格的消毒，消灭传染源，防止病毒传播。

第四节　牛传染性鼻气管炎

牛传染性鼻气管炎（infectious bovine rhinotracheitis，IBR）又称坏死性鼻炎（necrotic rhinitis，NR）或红鼻病（red nose disease，RND），是由牛传染性鼻气管炎病毒（infectious bovine rhinotracheitis virus，IBRV）引起的一种以上呼吸道炎症为主的急性、热性、接触性传染病。临床主要表现为发热、呼吸困难、鼻炎和上呼吸道及气管黏膜发炎，还可能引起龟头包皮炎、脓疱性阴道炎、流产和脑膜炎等疾病。WOAH将该病列入世界动物卫生组织疫病名录，属于发现必须上报的疫病，在我国被规定为二类动物疫病。

【病原】牛传染性鼻气管炎病毒学名为牛疱疹病毒1型（bovine herpesvirus 1，BHV-1），属于疱疹病毒科甲型疱疹病毒亚科水痘病毒属成员。是一种具有囊膜的单分子线性双股DNA病毒。病毒颗粒呈球形，直径为150～220nm，主要由核心、衣壳和囊膜组成，其中核衣壳直径为100nm，形状为正二十面立体对称。IBRV的分离株有很多个，各型之间存在交叉免疫性，但只有一个血清型。BHV-1通过限制性内切酶分析进行鉴定，可以分为3个亚型，亚型1主要引起呼吸道感染，亚型2引起呼吸道和生殖道感染，亚型3主要引起神经感染。

该病毒对外界环境抵抗力、适应性较强，耐碱不耐酸，对乙醚和酸敏感，在pH6.9～9.0的环境下很稳定，在pH6.0以下时很快失去活性。对热敏感，在56℃环境下21min即可灭活，在4℃可存活30～40d且感染滴度几乎无变化，在－70℃下可保存数年。常用的消毒药物如0.5％NaOH、1％漂白粉和5％甲醛溶液均可很快灭活。氯仿、酒精或紫外线均可在24h内完全杀死病毒，破坏病毒的致病性。

【流行特点】牛传染性鼻气管炎广泛分布于世界各地，我国IBR属于外来病，是由国外引种而传入，呈现地方流行性。经调查发现，西藏地区牦牛的感染情况低于全国水平，可能与其地处高原地区、总体环境干燥、日照时间长、紫外线强烈有关。IBRV的流行有一定的季节性，一般秋冬季节多发，且饲养密度大、通风不良、长途运输等条件都易诱发疾病的发生和迅速传播。

1. 传染源

发病牛、无症状感染牛是本病的主要传染源，在自然条件下，牛感染后会定期或不定期地排毒，病毒可存在于病牛的鼻腔、眼、气管和阴道等分泌物中，尤其是隐性发病的种公牛，其精液中携带大量病毒，且不易被发现，是最危险的传染源。

2. 传播途径

主要经过呼吸道和生殖道感染，传播方式包括水平传播和垂直传播。病牛直接接触或间接接触饲草、饮水等均可导致易感牛感染发病，同时吸血性昆虫也是导致病毒快速传播的途径。最主要的传播方式是传染性气溶胶随呼吸运动侵入上呼吸道。病毒感染机体后，通常潜伏于三叉神经节和腰、荐神经节等部位，由于中和抗体对神经节内的病毒无作用，因此病毒能在宿主神经元中长期定植，导致宿主终生带毒。当存在应激因素，机体抵抗力下降时即可活化病毒，从而持续向体外排毒。带病毒种公牛可通过精液感染母牛，在受孕母牛体内病毒通过胎盘入侵胎牛，导致受孕母牛流产或产死胎。

3. 易感动物

该病的感染谱较窄，牛是主要的自然宿主，不同品种、性别、年龄的牛均具有易感性，其中肉牛比奶牛发病率更高。20～60d 的犊牛由于抵抗力弱更为易感，病死率也相对更高。

【临床特征】牛传染性鼻气管炎病毒自然感染潜伏期一般为10～20d。根据病毒侵害部位的不同，临床上可分为呼吸道型、生殖道型、结膜炎型、脑炎型和流产型。

1. 呼吸道型

呼吸道型是比较常见的临床病型。在良性病例中，常表现轻微甚至不易察觉，仅仅会出现浆液性鼻液和眼部排泄物。病情严重时则发展为典型疾病，表现出严重的呼吸道症状。病牛精神沉郁，食欲废绝，体温升高达 40～42℃，体重减轻。鼻黏膜发炎并充血红肿，逐步发展为出血溃疡，上覆盖有一层干酪样伪膜，鼻镜充血并结有干痂，呈火红色，故又称为“红鼻病”。因鼻黏膜坏死，因此呼气常有臭味，同时大量脓性涕液阻塞呼吸道，引起咳嗽、呼吸困难，出现喘鸣音。一般10～14d内快速恢复。

2. 生殖道型

母牛发病称为传染性脓疱性外阴阴道炎，一般潜伏期为1～3d，最初表现为尾部频繁摆动，时常举尾做排尿姿势，有黏液呈线条状从阴户流出。病牛体温升高、精神及食欲不振、产乳下降。阴道内有大量的黏脓性分泌物，外阴及阴道黏膜充血、肿胀，并出现小的白色病灶，可发展为灰黄色粟粒大小的脓疱，使阴道壁形成灰色坏死伪膜，脱落后形成溃疡灶。有的发生子宫内膜炎，孕牛流产、产死胎或木乃伊胎。公牛感染发病称为传染性脓疱性龟头包皮炎，轻症牛出现生殖道黏膜充血，1～2d后可恢复。严重病例包皮和阴茎充血、肿胀并形成脓疱，破溃后形成溃疡，常引起继发性不孕。偶有公牛不表现症状而有带毒现象，并能从精液中分离出病毒。

3. 结膜炎型

常引起角膜炎和结膜炎，一般无明显全身反应，有时可伴随呼吸道型出现。主要症状为眼睑水肿，流泪，结膜充血，角膜混浊，表面形成云雾状灰色伪膜等。严重病例会在结膜形成颗粒状坏死膜，眼、鼻分泌浆液性或脓性分泌物，很少引起死亡。

4. 脑炎型

青年牛和6月龄以内犊牛多发，主要表现为脑膜炎症状。病牛初期出现高热，3～5d后可见共济失调，伴有阵发性痉挛，对外界刺激反应亢奋，视力障碍。最后角弓反张，口吐白沫，四肢划动呈划水样，一周内死亡。临床上发生此类型症状，一般放弃治疗，直接扑杀。

5. 流产型

多见于受孕4～7月龄的牦牛，流产率高达50%。一般无前期症状，个别母牛突发流产或在无任何征兆下产出死胎，胎衣滞留，持续有脓性分泌物从阴道流出。非妊娠期母牛感染出现高烧和其他症状，会影响卵巢功能，导致不孕。

【病理剖检】鼻气管炎型病例，其病变主要局限于上呼吸道。可见浆液性鼻炎，鼻腔、气管黏膜充血、水肿，黏膜上覆有腐臭黏脓性渗出物。炎性渗出物长期积留在鼻腔容易蔓延引起气管炎、支气管炎或纤维素性肺炎。镜下可见鼻腔黏膜上皮细胞空泡变性乃至坏死，黏膜面覆有纤维素性坏死性伪膜，固有层充血，有数量不等的白细胞浸润。受损的上皮细胞核内还可见嗜酸性包涵体。

生殖道型和结膜炎型病理变化与临诊所见相同。生殖道感染型镜下可见生殖道受损黏膜上皮细胞坏死，黏膜固有层出现炎性反应，黏膜上皮细胞核内可见包涵体。流产型病例流产胎牛皮肤水肿，浆膜下出血，浆膜腔内积有浆液性渗出物。肝脏、肾脏、淋巴结有局部坏死灶伴大量白细胞浸润，流产胎牛坏死脾脏中还可见多核巨细胞。

脑炎型病例剖检无明显眼观病变，无论是否出现神经症状，其镜检都为非化脓性脑膜脑炎变化，具体表现为神经元坏死，血管周围可见淋巴细胞性管套，脑膜有单核细胞浸润，星形胶质细胞及变形的神经元可见核内包涵体。

【诊断要点】本病的典型症状是牦牛上呼吸道感染，也可表现为脓疱性外阴阴道炎、龟头包皮炎、流产、子宫内膜炎、结膜炎、脑炎等临床疾病。因此根据流行病学调查和一般临床检查，即可做出初步诊断。但确诊必须靠实验室诊断方法，包括病毒分离鉴定和血清学试验。

1. 电子显微镜检查

是一种快速进行 IBRV 诊断的方法，但不能把所有的疱疹病毒区分开。电镜下可见病毒呈圆形，有囊膜。也可将病牛的呼吸道、阴道、角膜等上皮组织制成切片后，用 Lendrum 法染色检查胞核内包涵体，镜下可见细胞核为蓝色，胶原为黄色，包涵体呈红色。

2. 病毒分离鉴定

将病料接种于牛胎肾细胞或牛睾丸细胞，培养 2～4d 内可见出现细胞圆缩、凝聚成葡萄样群落，折光性增强，最后脱落，形成空洞的细胞病变，有时还可见巨核合胞体。被感染细胞用苏木精-伊红染色后可见大量嗜酸性核内包涵体。

3. 血清学试验

国际动物贸易指定病毒中和试验和 ELISA 均可用于 BHV-1 病毒感染的抗体检测，但即便检测结果判定牛群 IBRV 抗体呈阴性，仍无法保证牛群确实没有 IBRV 感染。IBR 感染牛的抗体滴度通常呈波浪式的起伏，因为 IBRV 有潜伏感染性，自然感染病牛中和抗体滴度在感染后的 8～10d 达到顶峰，但在持续 2～4 周后即逐渐下降，进入潜伏感染期。之后当出现应激因素刺激时，抗体滴度再上升，如此反复。

4. PCR 法

是检测 IBR 抗原最根本的方法。具有良好的重复性、高特异性和高敏感性，适用于流行病学普查。

【防治要点】防治主要采取综合性生物安全措施。预防的关键是防止引入传染源和带入病毒，严禁从疫区国家引进种牛、胚胎和冻精，WOAH 的指导方针建议新引进的牛必须进行血清学检测，并需经过 2～3 周的隔离期方可进入阴性畜群。同时牦牛日常养殖应加强饲养管理，制定完善的饲养管理制度和措施，提升精细化饲养管理水平，保障牛的健康。提高卫生清洁和消毒意识，保持牛舍良好的光照和通风条件，以及饲料、饮水干净卫生。目前还没有针对该病有效的治疗药物和方法，一般治疗严重感染病例，采用控制继发细菌感染方式。

第五节　地方流行性牛白血病

地方流行性牛白血病（enzootic bovine leukosis，EBL）是由牛白血病病毒（bovine leukemia virus，BLV）引起的一种具有传染性的慢性肿瘤性疾病。以全身淋巴结肿大，淋巴样细胞恶性增生、形成淋巴肉瘤，进行性恶质病和发病后病死率高为特征。本病分布广泛，几乎遍布全世界所有养牛国家。潜伏期长，大多数牦牛在感染后并无明显临床症状，仅有三分之一会出现持续性淋巴细胞增多症。我国出入境动物检疫将其列为二类传染病。

【病原】牛白血病病毒属于反转录病毒科，丁型反转录病毒属的重要动物致病病毒。基因组由两条线性正链单股 RNA 病毒组成二聚体。病毒颗粒呈球形，直径为 80～100nm，核衣壳呈二十面体对称，外包双层囊膜，膜上有长约 11nm 的纤突。成熟病毒一般以出芽增殖方式在细胞膜表面释放。BLV 主要的结构蛋白是芯髓中含有能抵抗乙醚的P蛋白和囊膜中含有对乙醚有感受性的糖蛋白(gP)，其中gp51和p24的抗原活性最高，可进行血清学试验检测特异性抗体。

BLV对外界环境的抵抗力较弱，对乙醚、胆盐和温度较敏感，在56℃条件下30min即可使大部分病毒失去感染力，加热至60℃以上迅速被灭活，因此可用巴氏消毒法灭活牛奶中的病毒。紫外线照射对病毒有较强的杀灭作用，反复冻融以及低浓度的甲醛等均可使病毒灭活。

【流行特点】 地方性牛白血病主要呈地方流行性，无明显的季节性，但以夏季和冬季多发。根据不同的饲养环境、牦牛的年龄等因素其感染水平也不同。在我国，该病毒的感染率接近50%，肉牛病毒检测阳性率较低，仅为1.6%，但牦牛病毒阳性率较高，可达20%以上。

1. 传染源

患病动物和带毒牛都是主要的传染源。EBL血清阳性牛的新鲜血液、唾液、鼻分泌物、乳汁、排泄物等物质中含有牛白血病病毒，并能造成传播。

2. 传播途径

包括垂直传播和水平传播两种方式。子宫内感染和胚胎移植均可造成垂直传播，感染的受孕母牛通过胎盘、产道或乳汁将病毒垂直传递给胎牛。水平传播包括血源性传播、分泌物传播、接触传播、吸血性寄生虫传播等。血源性传播一般是医源性的，饲养人员或兽医重复使用相同的注射器、手术器械、直肠检查时所戴的手套等都可能使感染的血液进入易感牛体内，造成感染。吸血性昆虫在吮吸病牛血后，会将病毒传播给健康牛，因此昆虫媒介也有可能是该病在夏季发病率高的原因。

3. 易感动物

BLV 自然状态下一般感染水牛、牦牛。发病多见于成年动物，尤其是 4～8 岁的奶牛最常见。

【临床特征】 地方流行性牛白血病病例隐性感染居多，潜伏期长，一般为 4～5 年，病的发展呈阶段性。且 BLV 阳性牛只有不到 5％会发展成肿瘤或淋巴肉瘤相关的疾病，很多感染牛不表现明显的临床症状。因此可分为亚临诊型和临诊型两种病型。

1. 亚临诊型

无明显具有特征性症状，感染动物表现血清学阳性。亚临诊型的特征是出现淋巴细胞增生的血液学变化，其中大多数淋巴细胞含有高病毒载量的 BLV 原病毒，30％～70％会发展为淋巴细胞增多症，但没有明显的肿瘤形成，一般对健康没有影响，可持续多年或终生。

2. 临诊型

病牛出现食欲减退、精神不振、体重减轻等变化，约 5％可演变为恶性淋巴肉瘤。病牛临床症状和病程一般根据肿瘤的数量和侵害部位以及肿瘤的生长速度而定。由于肿瘤组织在全身范围内均可存在，破坏淋巴、消化道、心脏、脾脏、肝脏、子宫等器官和组织，因此症状多为淋巴结肿大，消化紊乱、腹泻，泌乳减少甚至暂停，心血管活动紊乱，有时还会出现神经症状，跛行、瘫痪等。6 月龄以内犊牛典型症状是突然发生弥散性淋巴样增生，有时能够侵害内脏器官，导致体温升高、呼吸不畅等。6～8 月龄病牛多见胸腺出现肿瘤且颈部、腹部淋巴结弥散性肿大，引起颈静脉扩张，还可能出现眼球突出、腹部鼓胀等症状。患病牛还可见皮肤型淋巴肉瘤，表现为皮肤反复出现结节状病变或丘疹红肿。

【病理剖检】

1. 解剖变化

尸体表现为消瘦、贫血，肿瘤广泛性出现于全身的淋巴结。病理变化主要是淋巴结肿大，外观灰白色或淡红色，被膜紧张，切面呈鱼肉状伴有出血和坏死。肿瘤早期有包膜，后期则互相融合。内脏器官如胃、肝、脾、肾等的淋巴肉瘤可分为结节型和浸润型两种。结节型在器官内形成大小不等的灰白色结节，与周围正常组织分界清晰，切面为无结构的肿瘤组织。浸润型则指肿瘤细胞在正常组织间呈弥漫性浸润，导致器官肿大而不见肿瘤结节。心脏、皱胃和脊髓常发生浸润，尤其心房更多见；肺脏、皮肤、骨骼肌等部位则多为结节型。

镜检可见大量未分化的不成熟瘤细胞取代器官组织的正常结构。根据瘤细胞分化程度不同，可将淋巴肉瘤分为淋巴细胞型、淋巴母细胞型、网状细胞型和干细胞型。肿瘤细胞常呈多形性，细胞核偏向一侧，强嗜酸性，染色质丰富，胞浆少，淡染伊红或弱嗜碱性，部分肿瘤细胞可见核分裂象。

2. 血液学变化

由于骨髓坏死而出现不同程度的贫血，白细胞总数显著升高，在病程早期最明显，其中以未成熟的淋巴细胞数量增加为主，之后随病情发展转归正常。

【诊断要点】由于大多数BLV感染病牛呈隐性感染，不表现明显的临床症状。因此确诊需要进行实验室检验。

1. 病理学检查

对肿大的体表淋巴结作穿刺或活组织检查，如发现有异常的淋巴细胞，即证明有肿瘤的存在。也可以剖检病死牛，采集心脏、肝脏、脾脏、淋巴结等器官和组织进行病理组织学检查，观察是否出现特征性的肿瘤病变。

2. 病原学检查

在电镜下可见直径为80～120nm，圆形或椭圆形的C型病毒颗粒，存在于细胞膜外或细胞质的空泡内，有些颗粒处于发芽状态，外有清晰可见的囊膜，内有电子致密的类核体。但在细胞质和细胞核内未发现病毒。病原分离培养可引起细胞产生合胞体。PCR检测可以直接检测出被BLV感染的牛的低抗体滴度、瞬时抗体滴度或抗体滴度缺失的前病毒DNA。

3. 血清学试验

琼脂凝胶免疫扩散试验和ELISA是国际贸易动物疾病诊断试验指定的方法。通过检测针对gp51和p24蛋白的抗体来诊断BLV感染。

【防治要点】地方流行性牛白血病目前尚无治疗特效药，采取对症治疗虽然可以在短期内缓解症状，但并不能使动物彻底痊愈，最有效的防治方法是确定及淘汰阳性牛。感染初期或具有一定经济价值的牛，可尝试使用抗肿瘤药，通过连续3天静脉注射30mL氮芥，症状明显改善。预防一般采用早期诊断、及时分群隔离、重建健康牛群等措施。加强饲养管理，提供良好的饲养环境，增强牛群的机体抵抗力。对于严重感染的牛群，应采取扑杀措施，并对污染的环境、物品、用具进行彻底消毒。定期使用伊维菌素、芬苯达唑等进行驱虫，减少节肢动物作为媒介在动物间传播病毒的可能。

第六节　恶性卡他热

恶性卡他热（malignant catarrhal fever，MCF）又称坏疽性鼻卡他，是由恶性卡他热病毒（malignant catarrhal fever virus，MCFV）引起牛等偶蹄类动物的一种急性、热性、高度致死性传染病。以高热、呼吸道和消化道黏膜发生急性卡他性或纤维素性-坏死性炎症为主要特征，并伴有角膜混浊、神经机能紊乱、全身性单核细胞浸润和脉管炎等。该病多呈散发性，有时可能发生地方性流行，病死率高。我国《一、二、三类动物疫病病种名录》将其列为二类动物疫病。

【病原】本病的病原为 Alcelaphine herpesvirus 1（AIHV-1），分类上属于疱疹病毒科疱疹病毒丙亚科恶性卡他热病毒属。基因组由单分子双股线性 DNA 组成。完整病毒粒子直径为 140～220nm，主要由核芯、衣壳和囊膜组成。恶性卡他热可分为 2 种流行模式，第一种是角马型，主要感染非洲区域的牛和野生反刍动物，角马为自然宿主；第二种是绵羊型，牛和鹿是主要患病动物，通过密切接触而感染。角马和绵羊都是该病毒的贮主，仅起到传播病毒的作用，本身并不致病。

病毒对外界环境的抵抗力不强，对乙醚、氯仿敏感，不能抵抗冷冻和干燥，病毒存活期短，普通消毒方法就能灭活。血中病毒在室温或 0℃以下 24h 内即可失去感染性。枸橼酸盐抗凝血中的病毒，可在 5℃条件下保存数日。

【流行特点】 牛恶性卡他热不具有明显的季节性，自然条件下，一年四季都可发生，但在冬季和早春更常见，发病主要与角马和绵羊分娩相关。一般呈零星散发，有时会出现地方性流行，病死率可达60%～90%。存在气候突变、长距离运输、饲养密度过大等应激因素时更易诱发该病。

1. 传染源

主要是呈亚临床感染状态的绵羊和角马，这两种动物都是病毒的自然宿主，感染后病毒在体内储存，但不引起发病，会持续向体外排毒，引起牦牛感染发病。牛是恶性卡他热病毒的终末宿主。

2. 传播途径

牛与隐性感染的绵羊接触是该病毒传播的关键，因为病毒一般不能在牛之间传播，病毒感染后主要存在于血液、淋巴结、脑、脾脏等组织和器官中，可通过吸血昆虫机械性传播。此外如果受孕母牛感染发病，病毒也能通过胎盘垂直感染犊牛。

3. 易感动物

常发生于牛等偶蹄类动物，自然感染情况下，黄牛和水牛易感性高，尤其以1～4岁的牛最易感，小于1岁幼龄牛和老龄牛较少发病。少数牛发病后呈隐性感染并持续带毒。

【临床特征】 自然感染的潜伏期存在明显差异，一般为10～34d。根据病牛的症状可分成最急性型、头眼型、肠型以及皮肤型。

1. 最急性型

一般表现为突然发病，体温升高达41～42℃，饮水增加，呼吸和心跳加快，少数出现腹泻或下痢等急性胃肠道症状。病程很短，1～3d内死亡。

2. 头眼型

是该病最常见的病型，死亡率较高。病初高热稽留，体温升高至 40℃以上，精神萎靡，食欲锐减，反刍减少或停止，鼻镜干燥等。常在发病第 2 天发生口、鼻腔黏膜卡他性炎症，黏膜充血、坏死，在颊部、唇内面、齿龈、舌以及硬腭等处存在不同数量的灰白色丘疹或者糜烂，上面覆盖一层黄色伪膜，剥落后可见溃疡面。眼部表现流泪，眼帘闭合，继而发生虹膜睫状体炎和进行性角膜炎，双眼结膜发炎，有黄褐色脓性及纤维素性分泌物流出，眼睑发生肿胀，角膜出现弥漫性或环状浑浊。数日后，鼻腔分泌物变为黏稠脓样，其积聚在鼻腔会使病牛出现呼吸困难，典型病例会可见鼻腔流出黄色长线状物直垂于地面。眼部浑浊不断扩散至中央变得完全浑浊不透明，严重时表面形成溃疡甚至引起角膜穿孔。随着病程发展病牛还会出现关节肿胀、兴奋不安以及运动障碍、肌肉震颤等神经症状。病程通常可持续 1～2 周，有时能够长达 3～4 周。最终极度脱水，体温降低，严重衰竭而死，基本不会康复。

3. 肠型

该型比较少见，病牛表现除了体温升高以及一般症状外，还会有以纤维素性坏死性肠炎为主的消化道症状。初期发生便秘，后期为腹泻，粪便腥臭，且混杂有血液和脱落坏死组织。尿频，尿液中存在蛋白，变浑浊，呈酸性，有时为血尿。

4. 皮肤型

头眼型病程较长时，颊部、乳房、背部等皮肤出现红疹、水疱和龟裂坏死，变成痂皮，同时形成斑状脱毛区。此外蹄部、趾间及会阴部也会出现类似症状。

【病理剖检】全身多器官组织均有明显变化。呼吸道黏膜呈暗红色，以类白喉性坏死性变化为主，表现为气管和喉头等部位出现充血和出血，有的还会被伪膜所覆盖。上皮细胞变性、坏死和脱落。固有层小血管扩张充血，间质水肿，血管周围炎性细胞浸润。口腔、食管和前胃黏膜上皮细胞变性、坏死，糜烂形成溃疡。皱胃和肠黏膜固有层水肿疏松，血管扩张充血，红细胞渗出，多量淋巴细胞、巨噬细胞和浆细胞浸润。眼结膜充血水肿，角膜纤维排列疏松、紊乱，结构模糊不清。肝、肾、心和肾上腺除有变性和坏死灶外，间质血管周围有淋巴细胞、巨噬细胞等炎性细胞浸润。脑组织呈非化脓性脑炎景象。皮肤表皮细胞变性、坏死，在局部形成小水疱或糜烂；真皮水肿疏松，小血管扩张充血，红细胞渗出。

【诊断要点】根据流行病学、临床症状以及病理变化可作出初步诊断，需要进行实验室检验确诊。

1. 病原学检查

电镜下可在细胞质的空泡及细胞外间隙中见到有囊膜的病毒颗粒。AIHV-1 可将病料接种于牛甲状腺原代细胞进行分离，培养3～10d 可观察到细胞融合形成合胞体的典型细胞病变，用特异性血清进行免疫荧光试验鉴定病毒。绵羊疱疹病毒 2 型尚无有效的分离培养方法，因此要用 PCR 方法进行鉴定。

2. 血清学试验

可用病毒中和试验、免疫印迹法、ELISA、免疫荧光法和免疫细胞化学法检测。

【防治要点】牛恶性卡他热目前尚无可供疫苗接种的商品化生物制剂，也没有特效治疗该病的方法和药物。主要采取对症治疗，缓解临床症状，减少死亡。控制本病最有效的措施是将牛、鹿等易感动物，与病毒自然贮主角马和绵羊生活区域严格隔离。科学规划，合理分区。禁止牛和羊合群放牧、同栏饲养。加强饲养管理力度，合理搭配营养，增强牛自身的抗病力。严格检疫，严禁从疫区引进自然宿主及其冻精、胚胎。引种必须经过血清学试验检验且呈阴性，并隔离观察后方可混群。定期对牛群开展排查，发现病畜后，及时采取严格控制、扑灭措施，防止病原扩散。对污染场所及用具等，实施严格消毒。

第七节　牛流行热

牛流行热（bovine epizootic fever）是由牛流行热病毒引起的牛的一种急性、热性、高度接触性传染病，其特征为突发高热、呼吸急促、流泪、流涎、跛行、肢体僵硬、组织器官严重的卡他性炎症以及运动障碍等。牛流行热病势很快，发病率高达80%以上，而病死率低于10%，且多数是良性过程，大多数感染的病牛在3d后可恢复正常，因此也被称为三日热和暂时热。一旦牛群发生牛流行热，该病会在整个牛群中迅速传播，并可能导致牛群大规模疾病。

【病原】牛流行热病毒（bovine epizootic fever virus，BEFV）学名牛暂时热病毒（bovine ephemeral fever virus，BEFV），又称三日热病毒（three day fever virus，TDFV），属于弹状病毒科（Rhabdoviridae），暂时热病毒属（*Ephemerovirus*），负链单股RNA病毒。牛流行性热病毒具有子弹状或圆锥形结构，表面有囊膜和纤长的突起，囊膜厚10～20nm。成熟的病毒粒子长130～220nm、宽60～70nm，囊膜内有由核酸和蛋白质组成的高密度的核衣壳，除典型的子弹状病毒粒子外，还可看到T形病毒粒子，呈截短的窝头样。病毒从细胞膜或细胞质液泡膜出芽释放到细胞外。病毒基因有11组，*N*、*M1*、*M2*、*L*和*G*编码病毒的结构蛋白，其中*N*基因编码核蛋白，可刺激机体产生细胞免疫和体液免疫；*M1*、*M2*基因编码基质蛋白1、2；*L*基因编码RNA聚合酶大蛋白，对基因的转录、复制都具有调控作用；*G*基因编码糖蛋白(G)，是病毒的主要免疫原性蛋白，可用G蛋白做成亚单位制剂免疫牛，使牛产生中和抗体。

牛流行热病毒对外界环境的抵抗能力较弱，容易被乙醚、氯仿、胰蛋白酶、紫外线等因素灭活，对酸碱和常用消毒剂也较敏感。该病毒对热敏感，56℃ 10min，37℃ 18h灭活。pH2.5以下或pH9以上在几十分钟内可使其灭活。

【流行特点】牛流行热病毒可以感染各种牛，包括牦牛、黄牛、奶牛和水牛，其中奶牛和黄牛最为易感。不同品种、性别、年龄的牛均可发病，但犊牛、受孕母牛以及肥胖牛症状较为严重。该病发病率高达80%，但病死率为2%～3%，青壮年牛的发病率较其他年龄段牛发病率高，公牛发病率比母牛低，产奶量高的母牛发病率高。

被牛流行热病毒感染的牛是主要传染源，病毒主要存在于感染牛高热期血液和呼吸道分泌物中。吸血昆虫是本病的传播媒介，其中白蛉是最重要的传播媒介。传播方式为吸血昆虫（蚊、蠓）反复叮咬病牛和健康牛，造成病毒传播。病毒在库蠓和蚊等吸血昆虫体内进行繁殖，并通过腺体分泌到唾液中，从而通过叮咬将唾液中病毒传染给健康牛。

本病流行规律呈周期性，流行间隔为3～5年。本病具有明显的季节性，在高温、多雨、潮湿、蚊蝇滋生的8～10月多发。疫情传播方式为跳跃式，即以非疫区和疫区交替的形式流行。该病传染性强，传播速度快，短期内可呈流行或大流行发病。

【临床特征】潜伏期3～7d。突然发病，迅速蔓延至整个牛群，病初，病牛震颤，恶寒战栗，接着体温升高到40℃以上，稽留2～3d后体温恢复正常。在体温升高的同时，可见流泪，有水样眼眵，眼睑、结膜充血，水肿。呼吸迫促，呼吸次数每分钟可达80次以上，呼吸困难，患畜发出呻吟声，呈苦闷状。这是由于发生了间质性肺气肿，有时可因窒息而死亡。被毛逆立。食欲废绝、反刍停止。大多数病牛流鼻液，初期呈线状，随后变为黏性鼻液。口腔发炎、流涎，口腔黏膜和鼻黏膜有明显炎症。四肢关节浮肿疼痛，病牛呆立，跛行，以后起立困难而伏卧。有些病例可因四肢关节疼痛、长期无法站立而被淘汰。发热期尿量减少，尿液呈暗褐色，浑浊。受孕母牛发生流产、产出死胎、泌乳减少或停止。多为良性经过，病程2～3d，很快恢复。严重者于1～3d死亡，但死亡率一般不超过2%。病牛痊愈后可获得免疫力。

【病理剖检】急性死亡主要是因为窒息而死，剖检可见气管和支气管黏膜充血和点状出血，黏膜肿胀，气管内充满大量泡沫黏液。肺脏肿大，有程度不同的肺水肿和间质气肿，间质变宽，内有气泡，按压肺部有捻发音。肺水肿部分肺脏肿胀，呈胶冻样浸润，切开肺脏后有大量暗紫红色液体流出，其中特征性病变为间质性肺气肿。全身淋巴结肿胀、充血、出血，其中肩前淋巴结、肝淋巴结和咽淋巴结较为严重。真胃、小肠和盲肠黏膜呈卡他性炎症和渗出性出血，实质脏器混浊肿胀。

【诊断要点】该病具有多发、传播快、季节性明显、感染率高、病死率低的特点，根据患病动物的临床症状进行初步诊断。如果需要确诊则要做实验室检验，必要时采取病牛全血，用易感牛做致病性试验。

1. 临诊综合诊断

如牛群突然出现大量病例，传播速度快，在夏季突然发病，发病率高但病死率低，再结合病牛出现高热、呼吸道症状突出，部分病牛出现关节炎和乳腺炎的临床表现，剖检有间质性肺气肿时可以进行初步诊断。

2. 病毒分离鉴定

采集高热期病牛的血液，用于动物感染试验；取人工感染的乳小鼠、乳仓鼠脑组织，进行病毒分离和鉴定；采集病死牛的脾脏、肝脏、肺脏、脑组织以及人工感染的乳鼠脑组织，用于制备超薄切片，做电子显微镜观察。

也可采集高热期病牛的白细胞脑内接种乳小鼠或乳仓鼠，采集脑组织，制成组织悬浮液，经乳鼠脑内接种传代。经乳鼠传代后的病毒，容易在 BHK-21 细胞、MS 细胞和 Vero 细胞中增殖。病毒也能在犊牛肾细胞和睾丸细胞上生长并产生细胞病变。病毒分离物可用病毒中和试验和免疫荧光试验进行鉴定。

3. 血清学诊断

血清学诊断方法有病毒中和试验、阻断 ELISA、间接 ELISA-BEFV 作为包被抗原、间接 ELISA-原核表达蛋白、间接 ELISA-真核表达蛋白、免疫荧光试验、补体结合试验等方法。

4. 鉴别诊断

临床上要与牛巴氏杆菌病、牛支原体肺炎、牛呼吸道合胞体病毒感染、牛副流行性感冒、牛腺病毒病和牛传染性鼻气管炎等加以区别。

【防治要点】目前，牛流行热无特效治疗方法，但是为了减少牛流行热病毒感染引起的临床症状，可采取对症治疗，防止病牛病情恶化，减少由此造成的经济损失。牛流行热的防控应采取综合性的防控措施。首先，应根据牛流行热的流行规律做好疫情的检测工作，以了解当地牛群牛流行热病毒的感染情况，进而针对性地开展防控工作。其次，应做好牛舍和牛场内的卫生工作，及时清理牛舍周围的粪便以及其他养殖垃圾，粪污进行堆积发酵等无害化处理，减少牛生存环境中病原数量。当牛群中发现病牛时应及时隔离治疗，同群牛可进行紧急免疫接种或注射高免血清，以降低牛流行热的发病率，减少由此造成的经济损失。

第八节　蓝舌病

蓝舌病（bluetongue）是由蓝舌病病毒引起的一种以库蠓为传播媒介的急性、热性、非接触性传染病，反刍动物感染率较高，发病后会出现高热、口腔和舌黏膜溃疡、流涎、鼻流脓性黏液、蹄冠蹄叶炎等症状，主要发生在高热夏季和早秋，可通过伊蚊、库蠓叮咬进行病毒传播，危害性较大。

【病原】蓝舌病病毒（bluetongue virus，BTV）属于呼肠孤病毒科（Reoviridae）环状病毒属（*Orbivirus*）。蓝舌病病毒有 29 个血清型被报道，不同地域分布有不同血清型，如非洲有 27 个血清型，东南亚地区有 9 个血清型，澳大利亚有 12 个血清型，中国有

16 个血清型。不同血清型之间缺乏交叉免疫性。

病毒粒子呈球形，无囊膜，二十面体对称，病毒粒子的总直径为 65～80nm，有双层衣壳。外衣壳结构模糊，内衣壳由 32 个壳粒组成，呈环状结构，壳粒直径为 8～11nm，呈中空的短圆柱状。核衣壳直径 50～60nm。病毒基因组由 10 个节段的双股 RNA 组成，其中 7 个片段编码病毒结构蛋白，组成外壳的 VP2 和 VP5 由第 2 和第 5 片段编码，内壳 VP1、VP3、VP4 及 VP6 由第 1、3、4、6 片段编码，核心蛋白 VP7 由第 7 片段编码，VP7 是群特异性抗原。

病毒对外界环境的抵抗力较强，在干燥血液或血清中可以长期存活。病毒存在于病畜血液和组织中，在康复动物体内可存活 4 个月左右。病毒对乙醚、氯仿和 0.1%脱氧胆酸钠有一定抵抗力，3%甲醛和 75%乙醇可灭活病毒。病毒对酸敏感，pH 6.5～8.6 时较稳定，pH 3.0 以下则迅速灭活。60℃加热 30min 以上灭活，75～95℃迅速灭活。

【流行特点】患病动物和带毒动物是主要传染源，绵羊易感，而牛多为隐性感染，且无明显临床症状。伊蚊和库蠓是重要的传播媒介，病毒可在其体内增殖，库蠓在患病牛身上吸血后，叮咬其他易感牛而传播病毒。带毒公牛的精液中也含有病毒，可通过交配传播。本病有明显的季节性，发生多与库蠓的分布、生活史和习性相关，流行于夏季和早秋，牛蓝舌病还容易出现在河流、洼地、池塘等较为湿润的地区。

【临床特征】牛蓝舌病的潜伏期通常为 3～8d，病初病牛体温升高，后病牛食欲不振、精神萎靡，流涎，口鼻黏膜充血、发绀，唇部水肿，鼻腔流黏性液体，导致病牛呼吸困难；病牛牙龈、颊部及舌黏膜会出现不同程度的溃疡和糜烂，导致在牛进食时出现吞咽困难等情况。后期病牛口腔中的溃疡出血，使病牛唾液呈粉红色。部分病牛的蹄部出现水疱和蹄叶炎，触诊蹄部敏感，从而使其在行走时出现跛行，一般发病于 2 周左右。如果舌头有病变会导致舌头麻痹，在食管、咽喉处有病变，也容易造成上述部位的麻痹，在病牛饮水觅食的过程中，水通过口腔、鼻腔进行反流，容易导致异物进入肺中使病牛出现异物性肺炎。若公牛感染会造成短时间不育，妊娠母牛会发生流产、胎儿畸形等。

【病理剖检】 病变区域主要集中在口腔、皮肤、心脏、胃部、肌肉、蹄部。口腔黏膜发生不同程度溃疡、糜烂，颜色呈深红色，病牛唇、舌、硬腭、齿龈均出现水肿、充血。食管黏膜有不同程度的出血或水肿现象，胃黏膜也有出血现象，且瘤胃内容物容易干燥，瓣胃、网胃同样容易干燥，解剖发现周围黏膜中也有充血、出血现象，还存在溃疡和糜烂。容易出现异物性肺炎，在其肺部及支气管中出现出血性坏疽病变，牛蹄及四肢的表皮缺损，颈部皮下组织水肿，甚至可以蔓延到食管周围。如果发病牛病程比较长，出现的水肿还可能会蔓延到其他脏器。镜检咽喉、食管及舌部等位置可以发现坏死及变性，肌组织结构透明，在中枢神经血管周围也出现水肿、血管充血等情况；牛皮肤经常会出现点状出血，皮下组织呈现胶冻样、充血等。病牛心脏肿大，心内外膜均有许多小的出血点。呼吸道、消化道也有点状出血，发病严重的会导致呼吸道、消化道坏死、溃疡等。

【诊断要点】 根据流行病学、症状及病变，可作出诊断，确诊需要进行实验室诊断。

1. 临诊-流行病学诊断

根据临诊症状、病理变化和流行病学资料，依据易感动物群体出现典型症状，疫病发生和媒介昆虫活动时间及区域吻合，尸检病牛呈现特征性病理变化，新进动物群体存在体重下降和蹄叶炎发病史等，可初步诊断本病。病牛的各组织器官的病理变化和白细胞减少、体温升高、病毒血症高峰呈同步关系，在临床诊断上是一项重要指标。

2. 病原学检查

采集发热期病牛的全血并加入肝素 2 U/mL；采集患病动物的肝脏、脾脏、肾脏、淋巴结和精液等置于低温转运箱中，以上样品均需在 24h 内送至实验室备检。将患病牛的脾脏、细胞培养物或鸡胚组织制成的切片经过负染后用电镜进行直接观察。电镜下 BTV 为直径 55～70nm 的具有双层蛋白外膜的球形。

将分离的病毒接种在绵羊肾单层细胞上，绵羊肾单层细胞在 48h 左右会发生细胞病变，3～4d 绵羊肾单层细胞全部感染并出现脱落。此外，将分离的病毒接种在非洲绿猴肾细胞后会出现空斑，而加入抗病毒血清能够抑制空斑的形成。

将 BTV 经脑对幼龄小鼠进行感染，小鼠 5～6d 出现致死性脑炎，并将采集的病毒液分别经静脉或皮内接种易感羊和免疫羊，3～4d 后易感羊出现典型的蓝舌病变症状，而免疫羊无明显症状。

3. 血清学试验

血清学试验采用病毒中和试验、补体结合试验、琼脂凝胶免疫扩散试验、ELISA 等。竞争性 ELISA 由于采用单克隆抗体，可排除相关病毒抗体交叉反应。琼脂凝胶免疫扩散试验、竞争性 ELISA 为 WOAH 推荐的国际贸易中蓝舌病诊断方法之一。

4. 鉴别诊断

蓝舌病容易与许多皮肤、黏膜损伤性疾病混淆，临诊上常与口蹄疫、牛病毒性腹泻-黏膜病、恶性卡他热、茨城病等进行鉴别诊断。

【防治要点】 目前，针对牛蓝舌病市场上尚无有效的治疗药物，兽医临床上主要采取的是对症疗法进行治疗。在出现牛蓝舌病疫情时，需对病牛进行扑杀，症状较轻的病牛可采用0.1%的高锰酸钾清洗病变位置，然后涂抹冰硼酸及甘油来减轻病症，同时还需要结合实际病症进行治疗。在治疗过程中可以利用广谱抗生素防止病牛继发感染。牛蓝舌病防治以预防为主，防治结合的方式进行。预防牛蓝舌病还需加强对易感染地区的免疫，防止在这些地区引种，禁止使用高发病区公牛精液进行人工授精。在养殖场中，如果出现疫情应及时上报，并对病牛进行扑杀，扑杀后需进行无害化处理。

第九节　牛副流行性感冒

牛副流行性感冒（bovine parainfluenza）简称牛副流感，又称运输热（shipping fever），是由牛副流感病毒3型感染引起的牛、绵羊在运输等应激状态下发生的呼吸道综合征。以体温升高、呼吸道分泌物增多、咳嗽、纤维素性胸膜肺炎和支气管肺炎为特征。目前认为牛副流感是病毒、细菌、诱因三者联合作用的结果，如缺少其中一种因素，常不能发生典型的疾病。

【病原】 牛副流感病毒3型（bovine parainfluenza virus 3，BPIV-3）分类上属于副黏病毒科（Paramyxoviridae）副黏病毒亚科（Paramyxovirinae）呼吸道病毒属（*Respirovirus*），是一种单股负链RNA病毒。病毒粒子呈圆形或卵圆形，具有囊膜，含有神经氨酸酶和血凝素，该病毒可凝集鸟、牛、猪、绵羊、豚鼠、人的红细胞，尤以豚鼠红细胞最为敏感。感染的培养细胞具有血细胞吸附性。在胎牛肾细胞培养中能产生干扰素。现已证明，从不同地方分得的病毒，其抗原性是一致的，而且人、牛、绵羊的副流感病毒3型之间有密切的相关性，但并不完全相同。用豚鼠抗血清所做的中和、血凝抑制、补体结合试验可鉴定人、牛、绵羊的病毒株。病毒可在牛、羊、猪、马、兔的肾细胞中生长、增殖，形成合胞体与胞浆和核内包涵体。本病毒的抵抗力不强，对乙醚、氯仿敏感，pH＜3时不稳定，一般常规的化学消毒药均可将之杀灭。

【流行特点】自然条件下，本病仅感染牛，多见于舍饲的奶牛和育肥牛，放牧牛较少发生。病牛及带毒牛是本病的主要传染源；呼吸道与接触感染是本病的主要传播途径，同时也可发生子宫内感染。易感动物接触病畜排出的病毒后，7～8d可在鼻分泌物中、17d可在肺组织中分离到病毒。此时的动物又可作为新的传染源进一步扩散感染。经气溶胶感染，潜伏期约为2d，随后出现6～10d的发热期。呼吸道黏膜上皮细胞是病毒最初侵犯的靶细胞。此后病毒在肺泡巨噬细胞、肺泡Ⅱ型上皮细胞、基底膜定位与增殖，引起细胞和组织损伤，为继发感染创造有利条件。

本病多发生于晚秋和冬季。当牛群处于长途运输、拥挤等应激状态或并发感染其他病毒、细菌等病原体时，容易发病并使临诊症状加剧，出现肺炎、胸膜肺炎等病症。应激因素或合并感染是本病发生的重要条件。

【临床特征】牛副流行性感冒潜伏期2～5d。病牛体温升高达41℃以上。鼻镜干燥，鼻孔流出黏脓性鼻液。眼大量流泪，发生脓性结膜炎。咳嗽，呼吸增数，有时张口呼吸。听诊肺前下部有纤维素性胸膜炎和支气管肺炎症状。个别病牛发生黏液性腹泻。少数病牛消瘦，肌肉衰弱，2～3d后死亡。受孕牛可能流产。牛群发病率不超过20%，病死率一般为1%～2%。部分病牛的瘤胃蠕动音减弱或消失，但病牛肠蠕动音明显，病牛腹泻，并夹杂黏性液体，有时可见脱落坏死的肠黏膜。急性牛副流行性感冒病程仅3～4d，若治疗不及时大多会死亡。

【病理剖检】病变主要局限在呼吸系统。上呼吸道黏膜发生卡他性炎症，鼻腔和鼻旁窦积聚大量黏脓性渗出物，呼吸道黏膜上有黏液-化脓性渗出物被覆。肺脏明显瘀血，呈暗红色，间质水肿而增宽，实质中有灰白色岛屿状或融合性病灶，充满整个胸腔，肺胸膜表面被覆易剥脱的纤维素性渗出物。肺尖叶、膈叶出现暗红色实变区。切面见病变累及肺脏深部，呈暗红色和灰白色，小叶间质因有渗出物浸润而极度增宽，呈现大理石样外观。严重的病例有时侵犯整个肺叶或肺叶的大部分，出现较多融合性大面积病灶。继发巴氏杆菌时，肺内常见淡黄色化脓性病灶，胸膜表面有纤维素附着。肺支气管淋巴结、纵隔淋巴结肿大、出血。另外，心内外膜下、胸膜、胃肠道黏膜有出血斑点，有些病例，其骨骼肌可对称地发生5～10cm大小的灰黄色病灶。胃肠道黏膜肿胀、出血。

【诊断要点】

1. 临诊-流行病学诊断

由于长途运输、拥挤及继发感染等应激因素的存在，临诊上表现为发热、流鼻液、流泪、咳嗽及肺炎症状，剖检可见呼吸道卡他性炎症、鼻腔和鼻旁窦大量渗出物、肺叶尤其是尖叶和心叶出现多发性暗红色至灰色实变等肺炎病变，可初步诊断。

2. 病毒分离鉴定

采集病牛鼻液、呼吸道渗出物及病肺组织，接种牛胚原代细胞，分离病毒，用荧光抗体技术进行病毒鉴定。也可直接用荧光抗体技术检出鼻分泌物和呼吸道组织中的病毒。检出病毒后，仍须结合临诊症状和病理变化方能确诊。

3. 血清学诊断

血凝抑制试验：采集病牛肺部组织，分离培养病毒，然后将病毒接种到牛胚肾原代细胞内，细胞发生病变后经过多次循环换液、收获病毒液、离心、过滤、分子筛，最后获得病毒抗原，然后将抗原液稀释不同倍数测定血凝抑制效价。一般在病牛发病期和药物治疗2周后分别进行检测，采集待检牛血清，当检测滴度超过4倍，能判断为阳性，即确诊为牛副流行性感冒。一般隐性带毒牛不呈现明显临床症状，检测到的血凝抑制滴度为1∶40，而出现明显临床特征的病牛血凝抑制滴度至少为1∶320，甚至更高。

血清中和试验：采集病牛血液，高速离心获得血清，然后经56℃、30min灭活处理，采用终点法（固定病毒-稀释血清法），将病牛血清作连续倍比稀释，从1∶2比例一直稀释到1∶256，病毒剂量为100～500 $TCLD_{50}$/0.1mL，将0.1mL病毒和0.1mL血清混合均匀，放置于生物安全操作台内，并在25℃下静置60min，然后将其接种至牛肾细胞培养物，在35～36℃恒温培养箱内连续培养7d，每2d观察细胞病变情况。

4. 鉴别诊断

临诊上要与牛传染性鼻气管炎、牛流行热、牛出血性败血病和牛肺疫等疾病加以区别。

【防治要点】治疗本病可在早期应用四环素类抗生素及磺胺类药，虽对病毒无效，但可对细菌起抑制作用。国外用副流感3型病毒及巴氏杆菌制成的混合疫苗，以及其他各种多价疫苗、血清预防本病。常用的治疗方法包括：①为病牛肌注复方奎宁，用药剂量为40mL，或者为病牛肌注阿尼利定，用药剂量为40mL，2次/d，连用3d；再给30%安乃近注射液或氨基比林注射液20～30mL，青霉素与链霉素混合给药，肌内注射，用药剂量分别为500万～800万单位和3～5g，2次/d，连用2d。②为病牛肌内注射10%氨基比林30m L，2次/d，连用3d。③为病牛静脉注射葡萄糖和生理盐水、安钠咖以及安乃近，葡萄糖与安乃近浓度分别为25%和30%，用药剂量分别为1500mL、1500mL、40mL、30mL，1次/d。④为病牛静脉注射葡萄糖、安钠咖、维生素B_1以及维生素C，葡萄糖与安钠咖浓度分别为10%、20%，用药剂量分别为1500～2000mL、25mL、400mg、3g，给药2次/d，连用2～3d。

第十节　轮状病毒病

轮状病毒病是由轮状病毒感染多种幼龄动物引起的一种急性肠道传染病，以呕吐、腹泻、厌食、脱水、酸中毒和体重下降为特征。轮状病毒感染多发生于15～45日龄的犊牛，患病牛主要表现为腹泻，该病发病率和死亡率都很高，对养牛业的发展产生很大阻碍。除了牛之外，猪、马、羊等动物也能感染发病，人也可以感染，表现急性胃肠炎。

【病原】轮状病毒（rotavirus）属于呼肠孤病毒科（Reoviridae），轮状病毒属（*Rotavirus*），其基因组由11段双链独立的RNA片段组成，其中第9和第11基因编码两种蛋白质，其他基因各编码一种蛋白质，病毒直径65～75nm。有双层核衣壳，因像车轮而得名。轮状病毒分为A、B、C、D、E、F6个群，A群又分为两个亚群（亚群Ⅰ和亚群Ⅱ）。A群为常见的典型病毒，宿主包括人和各种动物，其他几个群则不常见。B群宿主为猪、牛、大鼠和人，C群和E群为猪，D群为鸡和火鸡，F群为禽类。

轮状病毒对外界环境抵抗能力较强，室温下存活时间可达7个月。在pH 3～9环境中稳定存在，能耐受超声振荡和脂溶剂。60℃下30min可灭活。轮状病毒在1%福尔马林和37℃下3天可灭活。70%酒精、1%次氯酸钠和0.01%碘也可使病毒失去感染能力。

【流行特点】该病可感染多种动物，包括牛、羊、马、猪、猴、兔、犬、猫、小鼠、大鼠等哺乳动物和家禽。病牛和隐性带毒牛是本病重要的传染源，所有品种、日龄和性别的牛都能感染，但以幼龄牛易感性最强，感染后发病率最高，尤其是7～15日龄的犊牛最为多见，成年牛多隐性耐过。病毒存在于有病犊牛肠道中，随粪便排出体外，污染饲料、饮水，经消化道感染。轮状病毒有交叉感染作用，可以从人或一种动物传给另一种动物。只要病毒在人或某一种动物中持续存在，就有可能造成该病在自然界中长期传播。该病亦可通过胎盘传染给胎儿。本病一年四季都可流行，春季和秋季发病率更高，呈地方流行，寒冷、潮湿、饲料质量低劣可诱发该病或加重病情导致死亡。

【临床特征】轮状病毒感染后，潜伏期通常18～96h。不同年龄的牛表现的临床症状有所不同。犊牛感染病毒后，会表现出特征性的临床症状，采食量下降，精神状态逐渐变差，随后在患牛的肛门周围可看到少量黄白色的黏稠粪便。随着病情进一步发展，患牛的体温升高到40℃，出现严重的腹泻症状，粪便中夹杂有很多没有消化的凝乳块和血块，后肢被粪便严重污染。发生轮状病毒流行后，如果没有采取针对性的措施进行有效治疗，患牛常常因为严重腹泻，机体严重脱水，最终导致心力衰竭和代谢性酸中毒而死亡。轮状病毒发病率较高，有时高达100%，而死亡率相对较低，通常10%左右。如环境卫生条件较差，继发各种细菌感染会使得临床症状进一步加重，病情恶化，死亡率显著上升。

【病理剖检】死于轮状病毒性肠炎的犊牛常小于3日龄。病犊由于水样腹泻而迅速脱水，从而导致腹部蜷缩及眼球塌陷。病变主要局限于消化道。犊牛胃壁弛缓，小肠绒毛短缩，小肠肠壁薄，半透明，内含大量的气体。肠腔内充满凝乳块和乳汁，内容物呈液状、灰黄或灰黑色，一般不见出血或充血，但有时在小肠伴发广泛性出血，肠系膜淋巴结肿大。镜检，组织学病变随患病犊牛感染后的时间不同而异。小肠前段绒毛上端2/3的上皮细胞首先受感染，随后感染向小肠中后段上皮发展。腹泻发生数小时后，全部感染细胞脱落，并被绒毛下部移行来的立方形或扁平细胞所取代；绒毛粗短、萎缩而不规则，并可出现融合现象；隐窝明显肥大及固有层中常有单核细胞、嗜酸性粒细胞或中性粒细胞浸润。

【诊断要点】根据发病在寒冷季节、多侵害幼龄动物、突然发生水样腹泻、发病率高和病变集中在消化道等特点可作出初步诊断，确诊需要采集病料进行电镜检查，也可用免疫荧光抗体技术、组织培养分离病毒、酶联免疫吸附试验、对流免疫电泳、凝胶免疫扩散试验或补体结合试验。一般在腹泻开始24h内采小肠及其内容物或粪便作检查病料。小肠做冰冻切片或涂片进行荧光抗体检查和感染细胞培养物。小肠内容物和粪便经超速离心等处理后，作电镜检查。

【防治要点】本病尚无特效治疗药物，养殖场一旦发生轮状病毒病，应该将发病病牛单独隔离，同时对患牛进行止泻和补液治疗。免疫预防在本病的防治上具有重要作用，国外已经研制出两种牛轮状病毒疫苗，一种是冻干弱毒苗，可用于初生摄食了初乳的犊牛，口服接种后 2～3d 产生的免疫力；另一种是灭活苗，主要给产前 60～90d 及产前 30d 的妊娠母牛接种，通过提高初乳抗体滴度保护犊牛。

第十一节　牛海绵状脑病

牛海绵状脑病（bovine spongiform encephalopathy，BSE）俗称疯牛病（mad cow disease），是传染性海绵状脑病（transmissible spongiform encephalopathy，TSE）的一种，由朊病毒在牛群中引起的一种慢性、渐进性、高致死性疾病，又称“疯牛病”，被列为一类传染病。该病的潜伏期长，病牛发病突然、出现行为反常、体重减轻、共济失调、脑灰质海绵状水肿等症状，最终死亡，给我国畜牧业的发展带来极大危害。

【病原】该病原是一种朊病毒，是一种特殊的具有致病能力的糖蛋白。它是一种特殊的传染性因子，不同于一般病毒，也不同于类病毒，其自身不含有核酸。朊病毒蛋白有 2 种构型，即细胞型朊病毒 PrPc 和致病型朊病毒 PrPsc。细胞型通常没有感染性，而致病型具有感染性。本病毒在感染后机体不会产生相应的抗体，在机体中分布广泛，尤其是在脑中病毒含量最高，脊髓次之。PrPsc 的抵抗力很强，对热、辐射、酸碱和常规消毒剂有很强的抗性，患病动物脑组织匀浆经 134～138℃ 1h 处理后，对实验动物仍有感染力。其在浓度为10%～20%的福尔马林中可以存活超过2年。能够耐受高浓度的氢氧化钠、苯酚以及次氯酸钠等。将其消灭最好的办法是焚烧。

【流行特点】本病的传染源为患有痒病的羊、患疯牛病的种牛及感染后尚未出现临床症状的带毒牛。本病主要通过消化道传播。当动物采食含有病原的食物后，病毒进入消化道就会发生感染而发病。牛海绵状脑病病毒可以感染很多种动物，并且也可以感染猫、野生动物和人。初期大部分动物是因为食用了含有牛海绵状脑病病毒的饲料或添加剂后通过呼吸道发生感染，发病动物感染后亦变成该病的传染源。病原的潜伏期为5年，通常发病牛处于青壮年，尤其是4～6岁牛。2岁以下的牛和超过10岁的牛感染率很低。疯牛病的发生一般与性别、品种及遗传因素无关，但从病例上显示奶牛的发病数高，且以黑白花奶牛发病最多。

【临床特征】BSE的潜伏期平均4～6年，病程14～180d，主要表现为中枢神经系统的症状。患病牛的临床症状主要表现为三个方面：精神异常，焦虑不安、恐惧、神志恍惚和烦躁等精神质症状；运动障碍，即病牛步态呈“鹅步”状，四肢伸展过度，有时倒地，起立困难或无法站立，共济失调；对声音和触摸敏感，尤其是对头部触摸过分敏感，在挤奶时出现乱踢乱蹬和擦痒现象。其在受到刺激后常表现为具有显著的攻击性，有时可见其低头呈痴呆状，不停磨牙。所以通常将其称之为“疯牛病”。有些病例发病严重还出现抽搐和肌肉震颤等情况。奶牛的产奶量急剧下降。听觉失常，病牛会一直想向前走。病牛采食量通常没有明显变化，粪便变得坚硬，体温会有一些上升，呼吸和脉搏次数增加。病牛最终由于衰竭而亡。

【病理剖检】牛海绵状脑病无肉眼可见的病理变化，也没有生物学和血液异常变化。病牛的大脑出现类似海绵状的空泡性外观，在延髓、中脑的中央灰质部分，下丘脑的室旁核区以及丘脑和中隔区，神经元的突起和胞体中形成两侧对称的囊形空泡。神经胶质增生，胶质细胞肿大，神经元变性及数量减少。还可发现星状细胞肥大，大脑出现淀粉样变性，但并没有出现炎症反应。

【诊断要点】由于本病既无炎症反应，又不产生免疫应答，迄今尚难以进行血清学诊断。所以定性诊断目前以大脑组织病理学检查为主。

1. 临床诊断

根据临床症状可做出初步判断。发病初期的症状比较隐蔽，不易察觉。主要表现为挤奶时踢腿蹬腿、不愿过门槛和水泥地以及反刍减少、逐渐消瘦等。发病后期表现为食欲不振、身体明显消瘦、易倒地或起立困难，且对声音、光、触摸等敏感，具有较强的攻击性和神经症状，不愿过障碍物等。

2. 脑组织病理学检查

牛脑干和延髓灰质神经基质的海绵状病变和大脑神经元细胞空泡病变具有特征性，后者一般呈双侧对称分布。在组织病理学检查时，首先取延髓作冠状面切片，检查孤束核、三叉神经脊束核的空泡病变，确诊率高达99.6%。

3. 鉴别诊断

低镁血症、李氏杆菌病、脑内肿瘤、狂犬病和其他脑病与牛海绵状脑炎在症状上有相似之处，要进一步进行鉴别诊断。

【防治要点】本病没有特效治疗药物和疫苗，预防本病应从以下几方面入手：①加强疯牛病风险评估和反刍动物及其产品进境检疫，协调有关部门加大打击反刍动物及其产品走私力度，加强反刍动物及其产品进境后管理；严格监督管理反刍动物饲料，加强生产和源成分管理；严格动物卫生监管，加强动物检疫申报和产地检疫制度，一经发现疑似病牛立即进行隔离，上报，按要求进行处理。②对本病的防控，可以建立严密的监控体系，通过监控可以知晓疾病的发病以及发病后的解决方式的有效性。对可疑病牛和发病病牛需要通过扑杀和销毁病牛肉的方式来进行病毒消灭。并且严禁对疑似病牛进行屠宰，其产品不得用于销售，也不能用于生产和制作动物性的饲料。

第十二节　水疱性口炎

水疱性口炎（vesicular stomatitis）是由水疱性口炎病毒引起的多种哺乳动物共患的一种急性高度接触性传染病，以唇、舌、口腔黏膜、乳房及蹄冠部上皮发生水疱为特征。牛水疱性口炎是由水疱性口炎病毒引发的疾病，成年牛是最易感群体，发病后会出现明显症状，发生率较低。夏季是牛水疱性口炎高发期，气温降低后发病率逐渐减少。

【病原】水疱性口炎病毒（*vesicular stomatitis virus*，VSV）属于弹状病毒科（Rhabdoviridae）水疱病毒属（*Vesiculovirus*）。病毒粒子呈子弹形或圆柱状，有囊膜，表面有10nm左右的凸起，大小约为176nm×69nm。病毒含单股RNA，并含有3种主要蛋白，即糖蛋白（G）、核蛋白（N）、膜蛋白（M）。病毒内部为紧密盘旋的螺旋对称的核衣壳蛋白，但无转录酶活性。用补体结合试验和中和试验可将病毒分为2个血清型，即新泽西型和印第安型，两者不能交叉免疫，后者根据其抗原交叉反应性又可分为3个亚型：印第安1（IND-1），为典型株，主要分离自牛的毒株；印第安2（IND-2），主要分离自牛、马和蚊体内的毒株；印第安3（IND-3），最初分离自骡，但牛、马、人及白蛉也可感染。

【流行特点】牛水疱性口炎是由牛水疱性口炎病毒引起的病毒性传染病，病牛和隐性带毒牛是主要传染源，也会感染猪、马等动物，IND型病毒可引起牛和马的水疱性口炎流行，但不感染猪。以接触性传播为主，病牛的唾液和水疱含有大量病毒，病毒会直接污染饮水和饲料，被易感牛摄入后即可感染，也可经损伤的皮肤黏膜引起感染。同时，还可以通过蚊、白蛉、螨、蚋等叮咬传播，因此该病具有明显季节性，夏秋季大规模发生，每年5～9月是高峰期。各生长阶段的牛都会感染，犊牛更易感，病亡率较高。

【临床特征】牛水疱性口炎潜伏期通常在3～5d，部分病牛高达9d。牛在感染水疱性口炎后，体温会迅速升高，上升到40℃以上，与此同时反刍会减少，食欲会减退，鼻镜和口腔黏膜周边会处于干燥状态，唇部黏膜和舌头部位会长出许多大小如米粒般水疱。随着病情的不断加重，水疱会逐渐变大，豌豆大小，其中包含许多黄色透明状的液体。经过1～2d发展，水疱会逐渐破裂，留下鲜红色的瘢痕。除此之外，病牛口部会发出啧唇音，流出许多黏性清亮唾液，部分病牛蹄部、乳房部位也会长出水疱。通常情况下，牛病程一般为1～4周，病牛症状会逐渐好转，很少出现致死现象。

【病理剖检】水疱性口炎病毒感染后，病牛口腔黏膜形成水疱（液体充满的囊状结构），水疱通常位于舌头、口腔内侧、齿龈和颊黏膜等部位。随着病情的发展，水疱破裂并形成溃疡（表面坏死的黏膜区域）。这些溃疡往往呈圆形或椭圆形，边缘明显。在溃疡周围的黏膜区域出现糜烂（局部表面损伤）和出血现象。糜烂和出血可能是病毒的破坏作用以及炎性反应所致。水疱性口炎病毒感染还可引起蹄部的水疱和溃疡形成。水疱通常出现在蹄冠部（蹄壳顶部）和蹄间距（蹄壳之间），引起这些区域的皮肤尤其是角质层的损害。蹄部病变伴随着炎症反应和组织坏死。这可能表现为蹄冠部周围的炎症、红斑和水肿，以及坏死物质或渗出液的形成。

【诊断要点】本病的发生具有明显的季节性，根据典型的水疱病变及流涎症状、发病率和病死率低等可作初步诊断，但由于病牛在临诊上与口蹄疫容易混淆，因此要进行实验室诊断。

1. 临床诊断

牛水疱性口炎的潜伏期波动性很强，最高可达15d。其临床表现为咀嚼困难、采食量少，较为严重的会在口腔周围出现弥漫性炎症，进而导致口腔内部温度较高，舌苔厚腻，唾液增多，产生刺激性气味。不仅如此，病牛嘴边会流出大量黏性液体，若救治不及时，极易造成局部糜烂，感染化脓，引发并发症，造成死亡。

2. 病原分离和鉴定

取病牛痂皮、水疱皮等组织研磨成粉末，用生理盐水制成10%的悬液或采集水疱液，经绒毛尿囊膜或尿囊腔途径接种于7～13日龄的鸡胚，于37℃培养，鸡胚常于24～48h后死亡，胚体可见充血、出血等表现；也可接种猪肾细胞和鸡胚成纤维细胞，并形成蚀斑，然后用中和试验进行鉴定。

3. 血清学试验

动物感染4～5d后或康复后即可产生特异性抗体。这种抗体可通过中和试验、补体结合试验、琼脂免疫扩散试验、ELISA 等方法来测定，ELISA 以其敏感性高，不受补体和补体抑制因子的影响而被广泛采用。由于病毒糖蛋白无感染性，若以病毒糖蛋白为抗原检测中和抗体，假阳性比病毒中和试验要低。

4. 鉴别诊断

疾病发生时要与口蹄疫病症区分。相比之下，口蹄疫的潜伏期较短，但传播快、发病率高、死亡率低，通常是区域性的暴发，而且发病部位相对明显，产生水疱的位置与周围组织的界限清晰。牛水疱性口炎则不同，其水疱呈弥漫状，多呈点状散发。

【防治要点】本病病程短，通常为良性经过，加强护理，即可康复。针对口腔处的治疗，可用配比为 0.1％的高锰酸钾或食醋进行擦拭清洗，同时用甘油清理糜烂表面，并定期涂抹，消毒处理后及时进行冰敷消肿，促进局部血液流动；病症较轻时可以借助0.1％的高锰酸钾溶液进行口腔清洗，再用碘甘油或龙胆紫涂擦溃疡表面；采用聚维酮碘进行口腔喷雾，然后用鸡蛋清敷于舌面。发生本病后要及时隔离病牛，严格封锁疫区。封锁期间严禁输出饲料、畜产品和易感宿主；消毒污染的用具和场所，防止疫情扩散。发现病牛应及时隔离，如病牛继发感染其他疾病导致临床症状恶化，应及时淘汰并采取深埋、焚烧或化学销毁等无害化处理方式进行处理，杜绝疾病扩散，保障牛群健康。

第二章 牦牛细菌病防治

第一节 犊牛大肠杆菌病

犊牛大肠杆菌病又称为犊白痢，是由病原性大肠杆菌（大肠埃希菌）(*Escherichia coli*) 引起的一种犊牛急性传染病。临床上主要表现为剧烈腹泻、脱水、虚脱及急性败血症。犊牦牛大肠杆菌病在牧区普遍存在，多发生于1～4日龄的犊牛。

【病原】病原性大肠杆菌是一种革兰氏阴性菌，形态为杆状，大小通常在（1.1～1.5）μm×（2～6）μm。其细胞壁主要由肽聚糖构成，细胞结构简单，无成形的细胞核，仅包含合成蛋白质的核糖体。显微镜下观察，大部分大肠杆菌可见鞭毛结构，但无芽孢，具备一定的运动能力。在代谢特性上，大肠杆菌能发酵多种糖类，通过分解糖类产生气体和酸性物质，此特性在实验室中常被用来鉴别大肠杆菌。大肠杆菌的菌落与伊红美蓝培养基接触时，会呈现出独特的金属光泽和深紫色，常用来鉴定大肠杆菌存在的常用方法。在生存能力方面，大肠杆菌展现出较强的耐热性，能在55℃的热水中存活长达一个小时，甚至在养牛场的水中可存活数月，在牛粪中存活时间更长。强大的生存能力使得大肠杆菌在环境中广泛分布。

在治疗方面，大肠杆菌对多种抗生素敏感，包括庆大霉素、链霉素、磺胺类、碳青霉烯类和氯霉素类等。然而，由于大肠杆菌容易产生耐药性，治疗时需谨慎选择抗生素，最好先进行药敏试验，以确保所选药物对病原体具有高效杀灭作用。致病性方面，虽然大多数大肠杆菌并不致病，但某些特定血清型的大肠杆菌，如O78、O8、O9、O86、O26、O15等，具有致病性。这些菌株产生的毒素可导致下痢和败血症等严重疾病。在大肠杆菌中，产肠毒素大肠埃希菌（ETEC）和产志贺毒素大肠埃希菌（STEC）是两种最常见的致泻型菌株。特别是携带特定基因（如志贺毒素基因 *stx1* 和 *stx2*、肠毒素基因 *lt* 和 *sta*、毒力基因 *eaeA* 和 *f41*）的大肠杆菌，其感染能力更强，对公共卫生造成严重威胁。

【流行特点】本病的传染源是患本病的家畜，1～4月龄的牦牛易感，特别是7日龄内的牦牛最易感，成年犊牛一般不发病。大肠杆菌能够通过口腔、鼻腔、消化道等途径进入犊牛体内，其中污染的饮用水、饲料和食具是最主要的传播途径。同时大肠杆菌病具有季节性高发、成群感染、病程短、治愈后易复发等特点。在春秋季容易发生且呈急性发作型，容易在犊牛群中传播，造成多头犊牛同时患病。犊牛大肠杆菌病的病程较短，一般为2～5d，且治愈后不一定能完全恢复，易于反复发作。另外，大肠杆菌病的发作也容易受到环境压力、饲料问题、消化道微生物失衡等因素的影响。

【临床特征】犊牛的症状一般表现为大便黏腻，有大量的内容物堆积在肠道中，粪便为水样或软便，严重时可能出现血便。犊牛会因为肠道不适而拒绝进食。由于腹泻的原因，犊牛会失去大量的水分，导致脱水，体温可能会上升，一般不会超过40℃。长时间腹泻导致体力透支，犊牛会虚弱、无力。如果不能够及时采取措施进行治疗，一般在腹泻症状出现5～7d之后，犊牛就会因为机体脱水死亡或者酸中毒死亡。根据发病的剧烈程度可以将大肠杆菌病分为急性型、亚急性型和慢性型。

1. 急性型

牦牛突然发病，食欲废绝，反刍停止，卧地不起、张口，呈腹式呼吸，鼻翼扇动，并发出强烈的喘鸣声，口鼻流出大量黏性泡沫状白色分泌物。体温升高，结膜潮红、充血，部分病例舌垂于口腔外。临死前出现拉稀症状，粪如水样。此时，体温降低至37℃以下，多在12～24h内死亡，急性型病牛死亡率较高。

2. 亚急性型

牦牛病初症状与急性相似，只是病情稍轻。可能出现犬坐姿势，喜饮水，卧阴凉、潮湿的地方，驱赶不愿动，行走摇晃，全身肌肉震颤，反应迟钝，敏感性降低。眼角常有脓性分泌物。听诊肺部有明显的湿啰音。主要症状是频繁拉稀，呈里急后重，粪便呈灰白色，之后逐渐变为水样，临死前出现血便。病程3～5d。自愈者第二年可再次发病，常呈慢性经过。

3. 慢性型

牦牛病初精神不振，食欲减退，离群呆立，不愿行走。下坡时表现特别小心。常低头耸耳，前肢张开。口流水样唾液，鼻孔流出少量白色分泌物。三大生理指标基本正常。3～5d后出现腹泻，粪便灰白色，逐渐变为水样，此时病牛鼻镜龟裂，卧地不起，有明显的食欲和饮水欲，但吞咽困难。此外，被毛粗乱、极其消瘦，如不出现血便，则有自愈的可能，一旦出现血便，则死亡率较高。病程一般为10～30d。

【病理剖检】 犊牛大肠杆菌病的病理学和组织学变化主要表现为肠道充血、水肿、黏膜糜烂、溃疡、黏膜上皮细胞坏死和脱落，以及黏液分泌增加等。病死犊牛尸体极度消瘦。解剖后可见：脾脏多数轻度肿胀，呈紫红色，有程度不同的出血点散在。肝脏及胆囊均肿大，多数胆囊肿大更严重，胆汁较多，并呈黏稠状暗绿色，胆囊附近的肝组织颜色发黄，光滑而发亮。胃肠内容物稀薄如泥状，带恶臭味，内混牛毛、砂土和凝固的乳块。瘤胃内牛毛与其他混合物，已形成鸡蛋大或桃子大的毛球（一般4～8个）。皱胃炎症较重，黏膜呈暗红色。大小肠黏膜充血、出血、黏膜脱落，呈暗红色，肠系膜淋巴结肿胀，切面呈暗红色。肺脏肿胀发硬，充血、瘀血，呈暗褐色，近以肝脏，无弹性，质硬变脆，表面可见到黑白紫黄相间的大理石样变化。慢性病犊牛肺组织坏死或化脓，并与胸膜粘连，脓汁似豆腐渣样，肺淋巴结肿胀。心脏一般无较大异常，仅在心内外膜处有点状或块状的出血点。

【诊断要点】

1. 初步诊断

可根据临床症状、病理解剖变化和流行病学特点作初步诊断，确诊需分离鉴定细菌。

2. 实验室诊断

（1）病原菌检测　大肠杆菌在普通培养基上生长良好，菌落有4种类型。光滑型（S）、粗糙型（R）、中间型、黏液型。用无菌棉签取病牛的粪样、血液等，病死牛可取心血、肝、脾、肠内容物等直接作涂片镜检。分离培养可使用普通培养基，也可以使用麦康凯或伊红美蓝平板。败血型大肠杆菌病，可从组织器官或血液中分离出一定血清型的致病性大肠杆菌；肠毒血症型能在肠道内检出上述血清型大肠杆菌。

（2）致病毒素检测　通过抗原抗体反应检测牛血清中的致病毒素水平。使用荧光定量 PCR 等分子生物学技术检测样本中的致病毒素基因，确认是否感染病原体。

（3）豚鼠角膜试验　将分离的菌株接种于固定培养基上进行培养，用铂金耳钩取菌苔放入豚鼠眼结膜囊内，如果是大肠杆菌，可引起角膜结膜炎。

3. 鉴别诊断

鉴别诊断该病需和牛沙门菌病、巴氏杆菌病、B 型魏氏梭菌病等相区别。牛沙门菌病可发生于牛的各个年龄阶段，而牛大肠杆菌病仅限于犊牛。牛沙门菌病会导致肝、脾、肾等实质器官有坏死灶，而牛大肠杆菌病主要影响胃肠道。牛巴氏杆菌病会导致体温升高，可达 41～42℃，随之出现全身症状，精神沉郁、食欲废绝、反刍停止、脉搏加快、鼻镜干燥等，然后表现腹痛、腹泻，粪便混有黏液和血液，相比之下巴氏杆菌病的呼吸系统综合性症状更为明显。牛 B 型魏氏梭菌病发病较急，有的奶牛突然发病，24h 内死亡，病牛死后腹部膨大、舌头脱出口外、口腔流出带有红色泡沫的液体，肛门外翻、神经症状明显、孕牛产出畸形死胎，有的发生腹泻，排出多量黑红色、含黏液的恶臭粪便，有时排粪呈喷射状，病畜频频努责，里急后重。

【防治要点】

1. 治疗措施

针对犊牛大肠杆菌病的治疗措施主要是进行液体疗法、抗菌治疗、维生素治疗、饲料调整以及免疫治疗等。

2. 预防措施

营养不足或管理不善是导致犊牛高发病率和死亡率的原因之一。日常养殖管理期间要保持圈舍清洁卫生，定期清理粪便和污水，避免犊牛接触到污染的环境和物品。提供适宜的饲料和饮水，避免过度喂养或喂养不卫生的饲料，保证营养均衡。另外，疫苗接种是预防大肠杆菌感染的有效措施，选择适合本地区的大肠杆菌菌株的疫苗，及时地接种。同时加强对养殖场的管理，定期对犊牛进行检查，一旦发现病牛，及时进行隔离，防止疾病传播。

第二节　破伤风

破伤风又被称为强直症、脐带风，是由破伤风梭菌侵入创口所引发的一种人畜共患的急性、中毒性疾病。典型的临床特征是患病牛的全身骨骼肌呈现持续性的痉挛收缩现象，当受到外界刺激时，反射兴奋性显著增强。

【病原】破伤风梭菌，又称强直梭菌，是一种专性厌氧菌，革兰氏染色阳性，周身有鞭毛，能运动，通常单独存在，在厌氧条件下能够极好地存活。破伤风梭菌不会侵入血液循环和其他器官组织，因此本身不致病，只有当细菌大量繁殖，其产生的毒素进入血液后才会引起破伤风，在牛体内能够产生的毒素有溶血毒素、痉挛毒素、溶纤维素这三种外毒素，其中溶血毒素和痉挛毒素拥有较强的毒性，是引起破伤风症状的主要原因，尤其是痉挛毒素，少量就可以导致牛只痉挛死亡。

破伤风梭菌的繁殖体对外界抵抗力不强，煮沸 5min 即可杀死，一般消毒药均能在短时间内将其杀死。但其芽孢体具有很强的抵抗力，在土壤中可存活几十年，需要煮沸 90min 或 120℃ 高压灭菌 20min 才可被杀死。

【流行特点】本病的主要传染源是患病动物和携带病菌的动物。病菌通过粪便排到体外，并在土壤中形成芽孢。因此破伤风梭菌广泛存在于土壤和草食动物的粪便中，外伤、阉割、生产、断脐、上鼻环以及进行各种外科手术时，若消毒措施及伤口处理不到位，可使破伤风梭菌经伤口深部侵染机体感染发病。另外，该病也可经由损伤的胃肠黏膜发生感染。此外，当牛体表出现创伤口，病菌还可经由伤口的小开口侵入牛体而引起发病。

破伤风的限制因素少，任何品种、年龄和性别的牛只都有感染的可能，其中以幼龄牛和老龄牛的易感性最强，尤其是犊牛感染之后死亡率最高。感染病菌后，潜伏期一般为 4～14d，最长可达数周，发病时间较为宽泛，全年均有可能发生，没有明显地区性和季节性，一般呈零星散发。

【临床特征】破伤风具有一定的潜伏期，感染后 1～2 周才可能表现症状。在发病初期时，病牛精神不振，头部向后仰，仔细观察可看到病牛张口采食困难，口腔中流出一些唾液，咀嚼和吞咽相对困难。腿部关节很难屈曲，四肢僵硬且行走姿势不正常，无法自如行走，转弯和后退非常困难，头部、颈部、腰背等部位的肌肉僵硬，有的发生便秘、尿液量减少、消化功能受到抑制、瘤胃臌气、采食和反刍逐渐减少。对声音、光照等刺激兴奋性增强。

到发病后期，病牛的耳朵开始直立并且僵硬，牙口紧闭，采食停止，同时口中分泌大量黏性唾液，整体呈现木马状态，头颈部开始向后或者身体一侧弯曲，颈背部的肌肉开始僵硬，四肢呈现伸直状态，无法正常弯曲或者行走；当发病时会突然倒向一侧，经扶起后会继续摔倒，无法正常站立或者行走，且听到响声或受到其他刺激后，机体会不受控制地痉挛，呼吸会变得轻且急促，脉搏强度变弱但速度较快，肠胃消化能力下降，排泄量也随之下降或者发生便秘。通常犊牛发病后4～5d即可死亡，成年牛可存活10d以上，也有部分不致死病例，这些病例一般不出现痉挛，且恢复缓慢，经过数周甚至数月才可恢复。

【病理剖检】病死牛大多无明显的特征性病理变化，有显著尸僵；个别病例死后数小时内体温上升明显。解剖可见其内脏器官严重充血：心脏出血严重呈黑紫色，肺脏呈现充血样的水肿，浆膜有点状的出血点。部分病例肺部充血、肿大，黏膜和浆膜有细微点状出血；部分病例心肌出现变性、脊髓和脊髓被膜充血与点状出血并发；尸体肌肉间的结缔组织有浆液浸润性变化。

【诊断要点】

1. 初步诊断

根据流行病学、病牛的发病史及临床症状，可对该病做出初步诊断。但由于发病的潜伏期有1～2周，且发病初期症状不明显，因此不易初步诊断病例。

2. 实验室诊断

（1）涂片镜检　无菌条件下，取病牛创伤部位的渗出物或者坏死组织进行涂片，经染色后镜检，在显微镜下能够看到鼓槌状的杆菌，存在芽孢，革兰氏染色为阳性即可确诊。

（2）细菌分离鉴定　无菌条件下，采集病牛内脏、血液和坏死组织等病料，在血琼脂平板上接种，置于36℃厌氧条件下培养24h，挑选可疑菌落进行鉴定，革兰氏染色为阳性，在庖肉培养基中厌氧培养 72h 后，呈均匀浑浊即可确诊。

（3）动物实验　取病牛血液 0.5mL 注射在小鼠臀部，经过 18h 出现相对应的症状，即可确诊破伤风。

3. 鉴别诊断

由于本病与急性肌肉风湿症、脑炎和一些中毒疾病的症状相类似，需要进行疾病鉴别诊断，才能做出确诊。病牛发生急性肌肉风湿症时，通常病变的部位会产生结节性肿胀和肌肉痛感，与破伤风相似，但是病牛体温开始升高，且没有牙关紧闭和瞬膜外露的症状，肌肉不会像破伤风似地僵住，使用水杨酸治疗后病情可以有明显好转。病牛发生马钱子中毒后，肌肉也会发生强直，并且有兴奋症状，症状与破伤风比较相似。但是马钱子中毒时发生肌肉痉挛较快，不发生痉挛时肌肉能松弛下来，如果治疗不及时会发生急性死亡，并且有中毒过程，用水合氯醛治疗后可迅速恢复健康。

【防治要点】

1. 治疗措施

牛破伤风的治疗包括清理创口、消除病原和毒素、对症治疗和加强护理等方面。

2. 预防措施

加强饲养管理，牛日常饲养过程中，避免出现各种外伤，如果有外伤则要立即采取外科处理。做好预防接种，常采取皮下或者肌内注射破伤风类毒素，每头牛用量为 1mL，免疫保护期为 1 年，第二年再使用 1 次，免疫保护期可持续长达 4 年。做好消毒，破伤风梭菌属于厌氧菌，经常存在于粪便等排泄物中，粪污需及时清理，确保饲养环境的干净卫生，并定期对圈舍、运动场、墙面、地面、用具等进行全面消毒，防止破伤风梭菌大量繁殖。

第三节 布鲁氏菌病

布鲁氏菌病（brucellosis）简称布病，是由布鲁氏杆菌属（*Brucella*）细菌引起的人畜共患病，被列为国家二类动物疫病。感染家畜后其生产性能下降，可引起母畜流产、公畜睾丸炎、关节炎等，导致生产质量降低。饲养人员与病牛接触后也可能感染，出现长期发热、多汗、关节和神经疼痛、生殖系统炎症、肝脾肿大等症状。布鲁氏菌病在世界各地都有分布，特别是一些饲养牛羊的地区较为流行。

【病原】布鲁氏菌是一种革兰氏染色为阴性的小杆菌，初次分离时多呈卵圆形和球形，传代培养后呈短杆状。布鲁氏菌无鞭毛，不形成芽孢，部分毒力菌株可形成荚膜。根据不同布鲁氏菌株的病原特性、生化特性等，将布鲁氏菌分为 6 种 20 个生物型，包括羊种布鲁氏菌（3 个生物型，1 型、2 型、3 型）、牛种布鲁氏菌（9 个生物型，1～9 型）、猪种布鲁氏菌（5 个生物型，1～5 型）、绵羊附睾种布鲁氏菌（1 个生物型）、沙林鼠种布鲁氏菌（1 个生物型）、犬种布鲁氏菌（1 个生物型）。布鲁氏菌均含有 3 种抗原成分，分别为 A、M、G，一般牛种布鲁氏菌以 A 抗原为主，A 与 M 的比值为 20∶1，羊种布鲁氏菌的 M 与 A 的比值为 20∶1，猪种布鲁氏杆菌的 A 与 M 比值为 2∶1，因此可制备单价 A 和 M 抗原用于布鲁氏菌的菌种鉴定。

布鲁氏菌对环境的抵抗力较强，能在恶劣的环境中存活较长时间。布鲁氏菌对热、冷、干燥、消毒剂等理化因素具有一定的抵抗力。在室温下，病原体可存活数周至数月。在低温条件下，如冷冻保存，病原体也可存活数年。但是温度如果达到60℃，30min左右病菌即可被灭活，温度高于70℃时，病菌通常在5min左右即可被灭活，沸水中病菌会立刻被灭活。另外对于多种消毒剂都具有较强的敏感性。

【流行特点】布鲁氏菌对60余种动物均具有较强的感染力，尤其是家禽、家畜、各类野生动物。牛可感染牛种布鲁氏菌、羊种布鲁氏菌的多个生物型的菌株。低日龄的牛具有一定的抗病能力，而性成熟的成年牛易感性更强，母牛的发病率高于公牛。发病动物和带菌动物是该病的主要传染源，病菌可能存在于其分泌物、排泄物、流产胎儿和乳汁中，通过呼吸道、消化道、皮肤黏膜等途径进行传播，某些昆虫、蜱虫等媒介生物也可通过叮咬在动物间传播感染。

该病一年四季均可发生，呈地方流行性，其中春季、夏季的发病概率会更高。在繁殖季节，由于性接触和分娩时接触到感染的胎盘等物质，布鲁氏菌病的传播风险也会增加。

【临床特征】牛布鲁氏菌病多为隐性感染，无明显的特异性临床特征，只有流产是感染后的常见症状。通常情况下，布鲁氏菌病的潜伏期最短为15d，部分感染体的潜伏期更长些，能够达到几个月或者1年以上。按疾病的经过可将布鲁氏菌病分为急性型、慢性型和隐性型。

1. 急性型

急性型的牛布鲁氏菌病病程一般较短，通常在感染后数天至数周内出现症状。临床表现主要包括发热、精神不振、食欲减退、体重减轻、关节疼痛和肌肉疼痛以及流产等症状。病情严重的牛可能出现神经症状，如四肢无力、步态异常和瘫痪等。急性型的牛布鲁氏菌病较少见，但病情发展迅速，死亡率较高。

2. 慢性型

慢性型的症状较轻，病程较长，可在感染后数周至数月内出现。胎衣滞留的母畜常患子宫炎，经常从阴道流出灰色或棕红色恶臭液体，有的经久不孕，有的发生乳腺炎、关节炎和滑囊炎。公畜常患睾丸炎和附睾炎，睾丸和附睾肿胀、疼痛、硬固，伴有中等发热，也可发生关节炎和滑囊炎，炎症组织中有大量布鲁氏菌存在，可持续数月至数年。

3. 隐性型

隐性型的牛布鲁氏菌病的临床表现通常并不明显，病牛可能无明显症状。然而，隐性感染可能导致肉牛生长受阻、消瘦、生殖障碍和免疫力下降等。隐性型感染虽然症状并不明显，但极易对肉牛生产性能和健康造成长期影响。该病的潜伏期通常为 2 周至 3 个月，但也有可能长达半年以上。

【病理剖检】牛的布鲁氏菌病的病理变化主要表现在繁殖、淋巴和关节系统等方面。感染布鲁氏菌的母牛和雄性动物生殖能力可能下降或不育。在感染的初期，妊娠或流产母牛的子宫内会有腥臭味，绒毛膜绒毛出现坏死，膜表面有污灰色或黄色的脓汁及坏死物，子宫内膜表面还会发现细小附着物，胎膜被感染，变得肥厚，表面会存在纤维素状和脓性的物质，呈黄色胶冻状。此外，病牛胎儿能检测出败血症病变，皮下结缔组织发生炎症。解剖公牛则发现阴茎明显红肿、黏膜上存在质地坚硬的小结节。淋巴系统可能出现淋巴结肿大、充血和脓肿等病变，主要在肠系膜淋巴结、腹股沟淋巴结和腹膜后淋巴结等部位出现不同程度的肿大以及病灶。关节系统可能出现关节腔积液、滑膜炎、关节软骨受损等病变，严重者可能出现关节僵硬、跛行等症状。此外，牛布鲁氏菌病还可能导致肝脏和脾脏肿大、乳腺炎、胎儿宫内发育不良、流产等。

【诊断要点】

1. 初步诊断

根据动物的临床表现和流行病学调查可以进行初步判断，但是需要通过实验室进行检测方可确诊。

2. 实验室诊断

（1）细菌学诊断　布鲁氏菌的分离鉴定是布鲁氏菌病诊断的“金标准”，但涉及布鲁氏菌的活菌操作需要在生物安全等级 3 级以上的实验室进行。通常用病牛的分泌物、排泄物、流产胎儿和乳汁来分离病菌。样品经处理后可接种于选择性培养基（如 Farrell 氏培养基、Thayer-Martin 氏培养基），通常在 3～4d 就可观察到菌落的生长。

（2）血清学诊断　血清学诊断是诊断布鲁氏菌病的常用方法，主要有虎红平板凝集试验、试管凝集试验、酶联免疫吸附试验和荧光偏振试验等。

（3）分子生物学诊断　分子生物学诊断也可以用于布鲁氏菌病的诊断，其方法包括聚合酶链式反应、环介导等温扩增、重组酶聚合酶扩增（RPA）与胶体金侧向流试纸条技术（LFD）结合的 RPA-LFD 方法等。

（4）免疫组织化学检测　免疫组织化学检测可用于检测布鲁氏菌在组织切片中的分布。通过特异性抗体与抗原结合，利用显微镜观察染色结果。此方法在研究布鲁氏菌在动物体内的组织分布和病理变化方面具有重要作用。

【防治要点】

1. 治疗措施

由于布鲁氏菌病是一种危害严重的人畜共患病，病菌的存活能力较强，传播过程极为隐秘，不易发现，且目前还没有治疗牛布鲁氏菌病的有效方法，因此对于患病的家畜，通常采用灭杀处理，将该病畜淘汰，一般不进行相关方面的治疗，所以布鲁氏菌病主要以预防控制为主。

2. 预防措施

牛布鲁氏菌病的防治，以综合性防治措施为主，合理制定防治措施，从不同角度入手，切实提高布病防治水平，使预防措施更加科学化。主要包括以下三个方面：①及时免疫接种；②加强消毒工作；③完善饲养管理。

第四节　沙门氏菌病

沙门氏菌病又称副伤寒，是由多种致病性的沙门氏菌侵染引发的一种细菌性传染性疾病。对人、畜禽尤其是幼畜和幼禽具有一定危害。牦牛的沙门氏菌病（牦牛副伤寒）是以腹泻为主要特征的一种急性或慢性传染病，俗称“拉稀病”，在我国牦牛分布的地区都有发生和流行。主要侵害犊牦牛，15～60d的幼犊感染发病多。

【病原】沙门氏菌病的病原为沙门氏菌，属于肠杆菌科，沙门氏菌主要有菌体抗原（O抗原）和鞭毛抗原（H抗原），目前已知有2600个血清型，其中鼠伤寒沙门氏菌、都柏林沙门氏菌和纽波特沙门氏菌是牛沙门氏菌病中最常见的血清型，都为革兰氏阴性菌。沙门菌大小一般为（1.8～6.0）μm×（0.5～1.6）μm，形状呈短杆状，表面有鞭毛、无荚膜，成对排列或单个排列，不会产生芽孢，可以自由运动，广泛分布在自然界，很多不具有致病性或以条件致病性的形式存在。沙门氏菌属于需氧或兼性厌氧菌，在体外培养的过程中对营养成分要求不高，在普通琼脂培养基上即可生长，在36～38℃时生长速度最快，在亚铁离子培养基中培养时，由于细菌能够生成硫离子，培养基的颜色会变黑，这一特性可以作为诊断沙门氏菌病的一个依据。

沙门氏菌可存在于病牛的各个组织、体液、分泌物和排泄物中，可在粪便中存活1～2个月，在牛奶和肉类食品中可存活数月。但是沙门氏菌对环境的抵抗能力较差，在60℃下加热30min即可灭活，大部分消毒药品如石灰乳、来苏尔、苯酚等均能杀灭本菌，在一定程度上抵抗紫外线照射、外界干燥等，在普通环境中可存活数周。

【流行特点】感染牛和带菌但无症状的牛是该病的主要传染源，成年牛由于感染后症状很轻或基本无症状，在牛群中难被发现，导致其长期向环境中排毒。当家畜患有寄生虫病或受孕母牛分娩、患产后疾病时，机体的免疫能力降低，容易发生内源性感染，成年带菌母牛容易将病菌传给犊牛而导致其感染。环境中的病原可通过水和饲料感染健康牛，消化道和呼吸道是主要的传播途径。任何生长阶段的牛都可能被沙门氏菌感染，尤其1月龄犊牛最易感，感染后往往呈地方性流行。

牛沙门氏菌病在任何季节均可发生，但以温暖、潮湿的季节更易发生。长时间运输、过早断奶、牛舍卫生条件较差、饮水或饲料不充足等因素也均可成为沙门氏菌病的诱因。规模化的牛场犊牛数量较多且饲养较为集中时，疾病容易出现暴发。

【临床特征】病牛临床表现通常为精神不好，食欲欠佳，反刍停止，体温升高至40～41℃，腹泻，粪便呈黑色、淡黄、草绿色，带有恶臭气味，后期粪便带血、胶冻样。按疾病的病程可将牛沙门氏菌病分为急性型、亚急性型和慢性型三种。

1. 急性型

急性型病牛症状强烈，病程较短，发病较急。初期病牛体温迅速上升到41℃左右，同时出现腹式呼吸、呼吸加深加快、结膜发炎、眼睛流泪等症状，粪便呈现灰黄色。部分病情严重的急性型病牛粪便会呈现黄色液体状，其中夹杂许多肠黏膜、血丝、黏液，具有明显恶臭气味。疾病发展阶段，部分牛出现肾炎的症状，排尿次数增多但尿量减少，呈断断续续流出，表现为尿道疼痛。后期病牛机体迅速衰竭，不愿意吮乳，精神极度萎靡，尾根常黏附牛粪，卧地不起，对外界刺激不敏感。由于日进水量的减少和稀粪排量的增加，病牛全身开始脱水，眼球凹陷，鼻镜干燥，体内电解质大量丢失，最终衰竭而亡。部分牛可逐渐耐过，但后期常伴发关节炎或支气管肺炎。

2. 亚急性型

亚急性型病牛表现为突然不食，结膜红，流泪，口腔干燥，有臭味，但无烂斑和其他可见病变，鼻镜干燥。病初体温升高，一般在39.5～41℃，可持续十余天，表现腹式呼吸。病牛一般先排黑色干粪球，有潜血，继而出现黑色黏稠带气泡粪便，经3～4d后，开始变成水样粪，可能含有肠黏膜组织，触摸腹部敏感。病后2～3d，出现脓性眼眵、弓腰、肛门松弛症状。病初呼吸道多数无异常变化，7～8d后可见脓性鼻液。少数病例病初期即有支气管炎症状，肺泡呼吸音增强，干啰音明显，可能伴有咳嗽。

3. 慢性型

病牛经药物治疗无效或发病十多天未死，转为慢性，腹泻一直持续一月至数月，或反复腹泻。下痢症状较轻或逐渐停止，但由于沙门氏菌肠毒素吸收入血对肺部造成损害，病牛表现严重的慢性呼吸道症状。鼻孔不断流出浆液性鼻液，随后转变为黏液性或脓性，病牛不断咳嗽，起初为支气管炎，后发展成为大叶性肺炎，长期气喘，体温正常或略有升高，四肢关节发炎，走路跛行。病程一般在1～2个月，病死率较低，大部分病死牛因机体衰竭或继发感染其他病原而死。

【病理剖检】 解剖可发现胃肠黏膜出血发炎，全身浆膜及黏膜、心外膜有大量出血点，淋巴结水肿，肝肾脾肿大，特别是脾脏肿大明显，为正常体积的2～3倍，肝脏及脾脏表面出现灰色的坏死灶。部分病牛肺部发炎坏死，并出现坏死结节，小肠黏膜出血，关节腔内被较多胶冻样液体填充。

急性型的病牛病变主要集中在腹腔中的脏器，呈现出败血症样病变。脾脏和肝脏病变最为明显，脾脏肿大柔软，呈灰红色或黑红色，边缘钝圆，被膜紧张，被膜下能见到散在的针尖样出血点。肝脏肿大，质地变脆，颜色因缺血发白，表面有许多针尖大小的出血点。除脾脏和肝脏外，胃肠道有急性卡他性炎症，真胃黏膜潮红出血，并沉积一层黏液。肠腔中充满气体与水样的淡黄色食糜，有时混有血液而呈咖啡色。大肠段除直肠外其他病变不明显。直肠黏膜有充血和出血，部分病牛有浮膜性或固膜性病灶。淋巴结肿胀，被膜紧张，切面出血。肾脏组织变性，有时被膜下能见到出血点，皮质内有时能见到结节。心肌组织变性，颜色苍白，质地柔软。肺常瘀血，有水肿和气肿表现，尖叶和心叶呈现出紫红色的卡他性渗出。

慢性型的牛沙门氏菌病还会在肺部产生卡他性和化脓性支气管肺炎的病变，病牛气管中充满黏液、泡沫或血液，也可能充满脓汁。肺小叶发生硬变，呈紫红色，尤其是尖叶、心叶和膈叶的前下缘，严重的病牛肺表面散在着黄豆大小的坏死灶，间质增宽。肺炎病灶周围的肺组织常因瘀血和膨胀不全而呈暗红色凹陷。胸膜腔中充满淡黄色纤维素性渗出液，渗出液中的水分被重吸收后，留下纤维蛋白膜覆盖或与胸廓内壁发生粘连，产生胸膜肺炎病变，常伴发浆液性纤维素性心包炎。脾脏肿大，组织增生，内部及表面有副伤寒性结节。肠黏膜有卡他性炎症。关节肿大，里面充满纤维素性渗出液，有时含有脓汁。如果为成年牛病例，病变不明显，大部分内脏器官良好，只是肠道有局灶性坏死。

【诊断要点】

1. 初步诊断

综合牛沙门氏菌病的临床典型症状表现、病理变化可做出初步的诊断，如需确诊，要进行实验室诊断。

2. 实验室诊断

（1）涂片镜检　无菌条件下取病死牛肝肾脾等病变组织涂片，经革兰氏染色、瑞氏染色，固色后利用显微镜检查，若发现有大量短杆菌、球杆菌即可确诊。

（2）细菌分离培养　无菌条件下取病死牛粪便接种于麦康凯琼脂培养基上，恒温 37℃培养 24h，若长出圆形菌落即可确诊。

（3）分子生物学诊断　常用的技术有酶免疫测定（EIA）和核酸检测。检测抗体时，EIA 的局限性是动物感染后的 1～2 周可能不会引起免疫反应。检测抗原时，可在前增菌或选择性培养的早期进行 EIA。ELISA、凝集反应和补体结合试验，也可作为带菌动物和疾病持续监测的手段。PCR、核酸探针技术、等温扩增技术和基因芯片等核酸检测方法，也能快速检测到某些沙门氏菌抗原，灵敏度较高。此外，纳米技术、生物传感器技术逐渐完善，未来也会成为快速诊断沙门氏菌病的新方法。

【防治要点】

1. 预防措施

免疫接种是预防沙门氏菌病的有效方法，结合当地牛沙门氏菌病的流行特点及规律，制定科学的免疫接种计划及程序。同时加强饲养管理，保障牛饮用水的安全和洁净，避免向牛投喂不干净和水质差的饮用水，并结合牛的日龄、品种、用途等方面的因素，科学配制日粮，确保日粮中蛋白质、维生素、常量元素、微量元素均衡，满足牛生长过程中对多种营养物质的需求。此外，确保牛舍光照充足、通风顺畅，地面干燥清洁，定期进行打扫和消毒工作，粪便及时清理，防止沙门氏菌的存在。

2. 治疗措施

针对病牛的治疗，主要按照消炎杀菌、止泻补液的原则进行治疗。

第五节　炭疽

炭疽俗称“飞疔”，是主要由炭疽杆菌引起的一种急性、热性、败血性人畜共患病，主要感染草食动物，临床表现有皮肤炭疽、肺炭疽和肠炭疽三种类型。病畜通常表现为突然高热，可能出现可视黏膜发绀和天然孔出血，于体表出现局灶性炎性肿胀。炭疽发病急，病程短，且传播途径较广，传播力度较强，具有发病速度快、死亡率高、传染性强等特征。

【病原】炭疽杆菌是大型的革兰氏阳性菌，直径为2～5μm，长4～9μm，有芽孢和荚膜，无鞭毛，不能运动，体型特征为两端平直，中间呈节状，在患病动物体内取的病菌一般为短链状，培育后呈现长链状态。炭疽杆菌对外界环境的抵抗力不强，一般在煮沸3～6min后就会彻底死亡，但离开病畜体内后，暴露于环境中就会形成芽孢。芽孢会潜入地下，待合适时机繁殖再扩散，其对外界环境的抵抗力非常强，在较为干燥的条件下，能够存活30年以上，在无水状态下也能存活50天以上，能耐受150℃的高温1min。干热130℃、70min可将其杀灭，使用高压蒸汽进行消毒，在7kPa的高压下30min左右才能将其全部杀灭。一般常用的消毒药，如5%的漂白粉液、3%的甲醛、4%的苯酚、3%的过氧乙酸等，均可将其杀灭。

该菌为需氧菌和兼性厌氧菌，将其接种在普通琼脂培养基内可以看到灰色、不透明、扁平的粗糙菌落，镜检呈卷发状。将其接种在血清琼脂培养基上时，可形成有荚膜的光滑、黏稠菌落。将其接种在鲜血培养基时，不会产生溶血带。

【流行特点】各类家畜及野生动物均会不同程度地感染此病，食草动物比较容易感染，禽类极少感染，其对人也具有一定的感染性。牛的炭疽主要为土壤性感染，动物之间直接传播的概率较小。患病动物可通过粪便、尿液、唾液将炭疽杆菌排到周围土壤和环境中，或是病死家畜尸体处理不当，形成芽孢，污染土壤、水源、放牧场地，可能使其成为炭疽的长久疫源地。呼吸道和消化道是其主要传播途径，家畜可能因采食了被污染的饲料和饮水或吸入带有炭疽杆菌的尘埃飞沫等而感染，也可能经过受伤的黏膜或皮肤或带菌的吸血昆虫的叮咬等途径感染发病。

本病呈散发性或地方性流行，一年四季都有发生，但夏秋温暖多雨季节和地势低洼易于积水的沼泽地带，炭疽杆菌可能会随着雨水流动蔓延扩散，形成新的感染源，容易感染病畜。

【临床特征】 感染炭疽后，家畜的体温通常升高至41℃左右，体表出现多处皮下出血点，可能伴有视网膜可见性紫斑、心跳频率加速以及呼吸困难等症状。炭疽的潜伏期一般为1～5d，最长的可长达14d。按照炭疽的病程可将炭疽分为最急性型、急性型、亚急性型和慢性型四种类型。

1. 最急性型

主要在疾病流行的初期发生，表现为家畜突然发病，站立不稳，行走时难以保持平衡，全身战栗，随时可能倒地。此时病牛体温快速升高，呼吸急促，心跳加快，可视黏膜发绀。口鼻会流出煤焦油样的血液，肛门和阴门也会流出，最终半天内死亡，死亡率达95%以上。

2. 急性型

此类型最为常见，特点是发病急，病程较短，一般为1～2d。发病初期，病牛体温迅速上升至42℃左右，食欲下降，便秘，呼吸加重、频繁，心速加快，反刍停止，结膜发绀，并伴有一些出血点，泌乳期的母牛泌乳量下降，妊娠期母牛可能发生流产。随着疾病的发展，病牛精神萎靡、沉郁，呼吸逐渐困难，肌肉发生震颤，行走时步态不稳，结膜等可视黏膜发绀，腹泻伴随便血、血尿等症状，如未及时救治，会突然抽搐痉挛，天然孔出血，最终休克死亡。

3. 亚急性型

病程较长，可持续数天，甚至可能超过1周。亚急性型的病牛主要表现为皮肤、口腔、直肠等部位出现炎性水肿，后可见炭疽特征性的病理变化炭疽痈。前期表面较硬，有热痛感，变凉后疼痛感逐渐消退，发展到后期，炭疽痈内部坏死或变为溃疡。如果发生直肠肠壁痈，则肛门浮肿，可能发生脱肛，排便受阻，粪便中带血。部分病牛咽喉及舌发炎，肿胀，导致呼吸困难，口鼻流血。一般在2～4d内休克死亡，少部分延长1～3个月，表现为渐进性消瘦。

4. 慢性型

此类型较少发生，病程能够持续2～3个月。慢性型的病牛表现不明显，淋巴结会出现肿胀，出现便秘和腹泻症状，体质逐渐消瘦。病情较轻的后期可恢复正常，否则疾病会更加严重。

【病理剖检】为防止炭疽的扩散及炭疽杆菌暴露于空气中形成芽孢从而造成疾病的传播，患有炭疽病的动物一般严禁解剖。最急性死亡的病牛除脾脏、淋巴结有轻度肿胀外，没有其他肉眼可见病变。急性死亡的病牛呈败血症病变，主要为内脏器官和肌肉出血，脾脏显著肿胀，脾髓呈黑红色，软化如泥状或糊状，全身淋巴结肿大、出血，胃肠道呈出血性坏死性炎症，可能出现炭疽痈。皮下和肌肉及浆膜下呈红色或浅黄色胶样浸润，脑水肿伴充血，肾和心脏等器官变性。病死牛尸僵不全，尸体易腐败，瘤胃臌气，天然孔出血，血液凝固不良，呈煤焦油状。局部炭疽一般发生在咽部，较为少见。慢性型的病牛下颌淋巴结肿胀、硬结，断面呈砖红色，有小的坏死灶。

【诊断要点】

1. 初步诊断

根据发病动物的临床症状和发病地区的流行病史，结合涂片检查可以对该病进行初步诊断，进一步确诊则需要进行实验室诊断。

2. 实验室诊断

（1）细菌学诊断　采集病牛分泌物或血液进行涂片，10%福尔马林浸泡后进行染色检测，革兰氏染色可见呈革兰氏阳性的紫色长杆菌，菌体两端截平，排列成竹节状分布。碱性美蓝染色可见菌体呈蓝色且表面有微红色的荚膜，瑞氏染色时荚膜呈现淡紫色。将病牛液体分泌物接种于普通琼脂固体培养基和血琼脂固体培养基，37℃培养24h后可见普通琼脂平板上形成边缘如卷发状的灰白色粗糙型菌落，血琼脂平板上菌落周围无明显的溶血环，可确诊为炭疽。

（2）致病性试验　将灭菌后的病牛分泌物或血液用生理盐水稀释5～10倍，皮下注射于小鼠体内，试验动物于感染后18～72h内死亡，并表现出败血症的临床症状，涂片镜检可见大量散在长杆菌，培养后呈现典型的炭疽菌落生长表型，即可确诊。

（3）免疫学诊断　炭疽环状沉淀反应又称阿斯可里（Ascoli）氏反应，是鉴定炭疽病经典的免疫学检测方法。取病牛的体组织切片适量，加5～10倍生理盐水，煮沸15min，自然冷却后过滤出的滤液为沉淀原，再用吸量管取适量沉淀原缓缓滴入装有沉淀血清的试管内，置于37℃恒温培养箱中反应，5min内可看到两种液体的接触面出现白色沉淀，即可确诊为炭疽。

（4）分子生物学诊断　目前有针对炭疽杆菌的染色体基因或

DNA 片段及菌体质粒等（如 *rpoB* 基因、*Sap* 基因、DNA 片段 SG2850 及 Ba813）设计一对或多对特异性引物，进行常规 PCR 或 qPCR（实时荧光定量 PCR）检测等诊断炭疽的方法，但技术水平要求较高，且容易出现假阳性问题，没有得到广泛使用。

（5）串珠试验　有效区分炭疽杆菌和其他需氧芽孢杆菌，可以采用青霉素抑制试验或青霉素串珠试验进行检测，炭疽杆菌对青霉素敏感，在培养基中加少量青霉素处理后菌体膨胀变圆，呈明显的串珠状，而其他需氧芽孢杆菌则无明显变化。此方法简单、特异性高且能与其他类炭疽菌相区别。

3. 鉴别诊断

由于本病与牛的气肿疽、巴氏杆菌病的症状相类似，需要进行疾病鉴别诊断，才能做出确诊。牛的气肿疽通常会在肌肉丰满部位形成气性肿胀，发出捻发音，病变肌肉呈黑红色，切面类似海绵，但血液和脾脏没有发生明显变化。而患有炭疽的牛脾脏显著增大，且血液凝固不良。巴氏杆菌病和炭疽都会导致机体颈部发生肿胀，但患有炭疽的病牛脾脏明显肿大，而牛巴氏杆菌病不会出现该病变，且血液凝固正常。

【防治要点】

1. 预防措施

定期接种防疫疫苗，有无毒炭疽芽孢苗和Ⅱ号炭疽芽孢苗两种，常规接种用量为 1mL/次，一岁以下接种无毒炭疽芽孢苗时，用量酌情减半，Ⅱ号炭疽芽孢苗则不需要。一旦发现疑似病例，禁止私自剖检、焚烧或深埋病畜尸体，需要及时上报病情，同时封控发病场所，积极实施扑杀、销毁、消毒、无害化处理等各种防疫措施。

2. 治疗措施

最急性型炭疽病牛常来不及治疗即死亡，其他型病牛应及早隔离治疗。在发病初期就进行单独隔离治疗。抗炭疽血清是治疗该病的特效制剂，发病初期使用最有效，对病牛静脉或腹腔注射 100～300mL 的抗炭疽血清，间隔半天或者 1 天后再注射一次进行加强，有助于康复，能够有效抑制炭疽的传播和对机体的免疫危害。

第六节　牛出血性败血症

牛出血性败血症，又称牛巴氏杆菌病，也称牛出败，是由多杀性巴氏杆菌（*pasteurella multocida*，Pm）引起的畜禽及野生动物的一种急性、热性传染病，该病主要以败血症和组织器官的出血性炎症为主要特征。一般呈现零星散发，有时也呈地方性流行。

【病原】多杀性巴氏杆菌是细小的球杆菌，革兰氏染色为阴性。无鞭毛，不能运动，不形成芽孢；对理化因素抵抗力较弱，在 60℃ 20min、70℃ 5～19min 即可杀死，在干燥空气中 2～3d 内死亡，在血液和粪便中能存活 10d，在阳光直射和高温条件下立即死亡；一般消毒剂如 0.5%～1%氢氧化钠、10%漂白粉及 5%苯酚、5%甲醛溶液等，在数分钟内均能迅速杀死本病菌。

牛巴氏杆菌病主要是由牛源 B 型多杀性巴氏杆菌引起的出血性败血症（hemorrhagic septicemia，HS）和牛源 A 型多杀性巴氏杆菌引起的包括肺炎在内的牛呼吸系统疾病（bovine respiratory disease，BRD）。近年来，国内外研究发现由 A：L3 型多杀性巴氏杆菌引起 BRDs 的病例数量逐渐呈上升趋势。

【流行特点】传染源为病牛和带菌动物。该疾病可经畜禽口腔或呼吸道、消化道、皮肤、黏膜伤口传播。但是除此之外，该疾病还可以通过吸血昆虫传播。病菌可存在于健康牛的上呼吸道，而疾病的发生与环境、机体的状态、病菌的血清型及毒力等都有密切关系，所以在外界诱因的影响下，牛抵抗力降低时，可发生内源性传染而致病。一年四季均可发生，但是在6～8月多发，以零星散发为主，并局限于一定地区。该疾病存在突然高热的病症，发病非常迅速，而且有着很强的传染性。当牛感染该疾病时，会出现呼吸困难，最终死亡。

【临床特征】发病初期病牛精神沉郁，食欲减退，体温升高达42℃，并持续不退，呼吸困难，以腹式呼吸为主；咳嗽，鼻腔流脓性鼻液，结膜潮红，消瘦，四肢无力，卧地不起，腹泻并夹杂血丝或血块；听诊肺部有水泡性杂音，叩诊胸部有浊音区，触摸胸腔有明显疼痛感。病牛一般是在头部、颈部、咽喉以及胸部出现炎性病变，采食量急剧减少，解剖后可见胸腔内有大量浆液性渗出液，肺脏充血、水肿，质地坚硬，切面呈大理石纹路状；肝脏肿大、坚硬、质脆，具有黄色坏死病灶；小肠黏膜具有出血点和大小不等的溃疡面；全身淋巴结肿大、出血。在临床上，该病主要分成三种类型，即败血型、水肿型以及肺炎型，大部分病牛都是混合型，少数个体发生单一型。

1. 败血型

病牛体温持续升高至41～42℃，精神萎靡，食欲不振，反刍停止，呼吸急促，并伴有呼吸困难，流出带血的鼻液，肌肉震颤，皮温不整。由于病牛体内脏器发生败血，使其排出明显带血的粪便，随着病情的发展，腹泻开始后，体温下降，且往往无法及时进行治疗而发生死亡，病期多为 12～24h。

2. 水肿型

病牛症状严重时，出现明显的全身症状，水肿会随着胸腔扩散至前胸甚至舌下周围组织，致使头部、咽喉、颈部及胸前部皮下结缔组织出现弥漫性严重炎性水肿。由于咽、舌与周围组织高度肿胀，有时舌伸出口外，呈暗红色从而出现呼吸困难、吞咽困难，最终窒息死亡，病程一般为 12～36h。

3. 肺炎型

病牛主要症状是体温不断升高，发生胸膜肺炎，呼吸非常困难，咳嗽增多，并伴有疼痛，且往往可见鼻孔中存在黏液脓性鼻涕；症状严重时呼吸困难，此时病牛将头部向前伸直，并张口伸舌呼吸，黏膜发绀；胸部叩诊时有痛感，有浊音区；病牛开始便秘，后期下痢并带有黏液或血液、恶臭，该类型的病程持续时间比较长，通常会超过 1 周。

【病理剖检】

1. 败血型

可视黏膜充血或瘀血，发绀。全身浆膜、黏膜、皮下、舌下、肌肉以及实质脏器表面有出血点。全身各处淋巴结充血、水肿，出现急性淋巴结炎的变化。

2. 水肿型

主要在患牛下颌、咽喉、面部、颈部和胸前等处皮下有大量橙色浆液渗出，上述部位明显肿胀，指压有痕；死后可见肿胀部位呈现出血性胶样浸润。

3. 肺炎型

此型最为常见，其病变形式主要为纤维素性胸膜炎，胸腔内有大量的雪花样液体，肺与胸膜、心包粘连；肺脏组织肝样变化，断面红色或灰黄色，散在有坏死灶；腹泻的病牛，胃肠黏膜严重出血。

【诊断要点】

1. 初步诊断

零星散发，骤然高热，咽喉、颈部、前胸水肿，胸膜肺炎以及严重下痢。

2. 鉴别诊断

在牛患有出血性败血症时，通常可能会出现巴氏杆菌致病引起的体温升高和肺部炎症，因而这种疾病从外观上来看很容易和炭疽混淆，所以要进行与炭疽的鉴别诊断。两者均有败血症变化，但是炭疽严重且脾脏肿大明显，尸僵不全，天然孔流血。肺炎型与牛肺疫病变相似，但是牛肺疫病程较长，纤维素性肺炎严重，肺脏大理石样变明显。水肿型应与恶性水肿相区别，两者均有水肿但发生病原及部位不尽相同。恶性水肿的发生与局部损伤有关，水肿明显，水肿液中含气泡。

3. 实验室诊断

（1）镜检观察　无菌采集病死牛的肝脏、肺脏等病变组织涂片，经革兰氏染色、镜检，可见革兰氏阴性的小杆菌。

（2）细菌分离　将采集的肝脏病变组织接种于马丁肉汤琼脂平板，37℃恒温培养24h后，可见半透明、光滑、湿润的露珠状菌落。菌落经革兰氏染色、镜检，可见其形态特征为革兰氏阴性、短杆状菌。

（3）致病性试验　将分离菌株腹腔接种10只清洁级小白鼠，接种剂量为1000cfu/只，同时取10只小鼠腹腔接种培养基作为对照。接种分离菌株的10只小白鼠在接种后24～36h死亡，死亡小鼠解剖后可见内脏器官广泛出血、瘀血，各脏器经革兰氏染色、镜检，可见革兰氏阴性的短小杆菌，而对照的小白鼠均无死亡以及临床不良反应。

【防治要点】根据临床诊断、病理学诊断以及镜检观察、细菌分离、致病性试验等实验室诊断，确诊为多杀性巴氏杆菌感染后，采用药敏试验筛选出最佳治疗药物。

1. 预防措施

加强牛场的日常饲养管理，保持舍内通风、干燥，避免牛群拥挤造成应激。定期消毒，适当饲喂玉米和糠麸等精料，增强牛群抵抗力。对场内所有牛均接种牛多杀性巴氏杆菌病灭活疫苗。

2. 治疗措施

对病死牛尸体及粪便、垫草等污染物进行无害化处理，对感染牛群进行隔离饲养。对养殖场及周边环境用3%氢氧化钠溶液全面消毒，每日2次，连续消毒1周，1周后每隔2～3d消毒1次。对疑似感染牛肌内注射恩诺沙星注射液0.05mL/kg体重，每天2次，连用3d。对症状严重的病牛，将500万～800万单位青霉素、400万～600万单位链霉素与解热镇痛药联合使用进行静脉注射，每天2次，同时进行降温、强心、补液等对症治疗。

第七节　牛结核病

牛结核病也被称为“牛癞病”，是由结核分枝杆菌引起的一种慢性传染病，能感染人和动物，具有潜伏周期长、致死率低，但净化难、危害严重等特点，对人、畜的危害性较大。且目前仍然没有有效疫苗可用于防控牛结核病，其在我国被列为二类动物疫病，亚洲和非洲大部分国家仍是牛结核病的流行地区。

【病原】结核分枝杆菌为细长、弯曲的杆菌，长度为1～4μm，宽度约为0.4μm，菌体两端钝圆，呈分枝状生长，具有分支和分隔，不产生芽孢，无荚膜和鞭毛，革兰氏染色阳性，抗酸染色为红色。病菌分裂过程中，会形成典型的哑铃状结构。具有较强的环境适应性，可以在各种环境中生存和繁殖，对pH值的变化也具有较强的适应性，可在pH 6.5～7.5的环境中生长。细菌对干燥、寒冷等恶劣环境具有较强的抵抗力，在低温条件下，该菌可存活数年，对某些化学物质和抗生素也具有一定的抵抗力。但是，结核分枝杆菌对许多消毒药物和高温环境都表现出极低的抵抗力，当温度超过60℃时只需要半小时即可将病菌杀灭，也可以使用10%漂白粉或3%甲醛溶液进行有效的杀菌消毒。

结核病的病原菌有3种分枝杆菌，分别是结核分枝杆菌（*M. tuberculosis*）、牛分枝杆菌（*M. bovis*）和禽分枝杆菌（*M. avium*），牛分枝杆菌是引发牛结核病的病原菌中最为主要的分型，但是人结核分枝杆菌（即结核分枝杆菌）、禽分枝杆菌也可能会引发牛结核病。三种病菌的形态略有差异，其中牛分枝杆菌较为短粗，菌体在陈旧培养基和干酪性病灶内可出现分枝现象。牛分枝杆菌对营养需求较高，需在罗氏（Lowenstein-Jensen）培养基上进行培养，在固体培养基培养时，菌落呈颗粒样、结节或菜花状的粗糙圆形，整体呈乳白色或米黄色。在液体培养基进行培养时，因分枝杆菌富含类脂，在液体表面上表现疏水性而出现菌膜。

【流行特点】牛分枝杆菌对牛最易感，特别是奶牛易感性最高，其次才为水牛、黄牛和牦牛，但人、羊、猪等多种哺乳动物均可感染。常见的传播方式是接触传播，包括呼吸道、皮肤以及消化道等途径，通过飞沫、唾液、水源、饲料等途径对其他牛进行感染。病牛或带菌牛在咳嗽、打喷嚏、排尿等过程中，会将含有牛分枝杆菌的飞沫散布到空气中，成为主要的传染源。

该病没有明显的季节性和地区性，一年四季均可发生。当畜舍拥挤、阴暗、潮湿、污秽时，或过度使役、挤乳、饲养不良等条件下，会促进本病的发生和传播。结核分枝杆菌能存在于病牛的器官组织内，可由粪便、乳汁、尿等排出病菌，从而污染周围环境，不及时清理粪便并排气通风，可能增加牛结核病的发病率。

【临床特征】牛结核病属于慢性消耗性传染病，病程较长，临床上为体表淋巴结肿大，其潜伏期一般25～50d，感染了结核分枝杆菌后，家畜精神不振，采食量下降，体重逐渐减轻。牛结核病常见类型有肺结核、乳房结核、淋巴结核和肠结核。

1. 肺结核

早期常会出现干咳和乏力的症状，在起立时可能会感到明显的困难。随着病情的发展，干咳逐渐加重，可能出现湿咳，呼吸变得困难，伴有气喘。疾病后期，病牛食欲可能会逐渐减退，体重下降，逐渐消瘦，还可能出现贫血等症状。

2. 乳房结核

病牛乳腺出现炎症，表现为乳房淋巴结显著肿大，乳房表面形成触感坚硬或略带弹性的不规则硬结，随着疾病的发展，乳房形态逐渐发生变化，导致乳量显著减少，影响泌乳功能。后期，病牛乳腺组织可能会出现不可逆的萎缩现象，最终导致完全失去泌乳能力。

3. 淋巴结核

表现为各淋巴结的肿大和炎症反应，体内各个淋巴结有结核病变，病牛颈部、腹部或其他部位肿大的淋巴结压迫周围组织，导致呼吸和消化系统的功能受到影响。肩前、股前和腹股沟淋巴结等受到影响会导致患病牛跛行，纵隔淋巴结受到病变的影响可能会导致咽喉受压迫，表现为慢性膨气症状，导致显著的吞咽困难和嗳气。随着疾病的发展，病牛可能表现出更为明显的消瘦、乏力和整体健康状况下降。

4. 肠结核

一般为犊牛出现。初期表现食欲减退、腹泻或便秘等症状，随着疾病的发展，病牛肠壁细胞遭到破坏，肠道功能受损，消化系统紊乱，病牛会快速消瘦、瘤胃肿胀、腹泻严重，粪便呈带有黏液和血液的脓粥状，带有腥臭气味。病牛可能会出现经常性腹痛，发育趋于停滞，被毛无光泽。疾病后期，病牛表现顽固性腹泻，日渐消瘦，直至严重的脱水衰竭死亡。

【病理剖检】结核病的病理变化主要有两种，一种为结核结节，另一种为干酪样坏死，钙化坏死病灶和结节性肉芽肿是结核病的病理特征。结节的形态和硬度会随着疾病的病程发生改变。疾病初期，病变部位组织细胞浸润形成硬结，后细胞死亡形成干酪样坏死，最终钙盐沉积石化。在病菌感染部位出现大量淋巴细胞和巨噬细胞浸润，形成肉芽肿。肉芽肿中心的细胞后期发生坏死，形成特有的干酪样坏死。随着疾病的发展，感染部位组织出现纤维化，形成纤维包膜包围病变部位，形成封闭的病灶，防止病菌的扩散。疾病后期，病变部位可能会发生钙化，形成石样硬结。剖检病死牛可见其肺脏表面分布许多散在、大小不一的灰白色结节，切面为干酪样坏死，部分结节可能钙化。胸膜和腹膜表面有散在的大小不等的灰白色结节，外观似珍珠，称为“珍珠病”。乳房里面有大小不等的坏死灶，内部为干酪样坏死。胃黏膜、肠黏膜上有大小不等的结节或溃疡。有时坏死组织溶解和软化，最终排出后形成空洞。

【诊断要点】

1. 初步诊断

可根据地区疾病流行情况、病牛临床表现和组织病理变化特点进行初步诊断，确诊需要采取细菌学诊断、分子生物学诊断、免疫学诊断等实验室诊断方法。

2. 实验室诊断

（1）细菌性诊断　主要包括涂片染色法、细菌培养法等。涂片染色法一般采用荧光抗酸染色法检查抗酸性杆菌，无菌环境下，取明显病变组织进行涂片，在显微镜下可观察到明显的红色杆状细菌，但此方法只能检测抗酸杆菌，无法对结核分枝杆菌进行准确检测，不能判断病菌是否为结核分枝杆菌。细菌培养法可以有效地诊断结核病，利用结核分枝杆菌的特点，采集牛鼻腔分泌物进行细菌培养，培养后采取涂片镜检的方式观察细菌形态特征，可判断是否为结核分枝杆菌。

（2）分子生物学诊断　包含 PCR 检测技术、DNA 图谱、DNA 探针等多种技术方法，其中 PCR 检测技术是牛结核病诊断最为常用的分子生物学技术。PCR 检测技术主要通过对细菌基因序列和基因片段进行检测分析，以此来判断病牛是否感染结核病，此方法具有检测速度快、灵敏度高等优点，但对操作的技术要求较高。

（3）免疫学诊断　主要有牛型 PPD（结核菌素）单皮内变态反应试验（TST）、牛型 PPD 和禽型 PPD 比较皮内变态反应试验

(SICTT)、酶联免疫吸附试验和免疫胶体金诊断技术等方法，牛型PPD单皮内变态反应试验是检测牛结核病主要且最有效的方法。将结核菌素注射在牛的颈部，注射两天后检测皮肤状态，观察是否发生局部反应。若表现为局部发热、伴有痛感，呈现出界线不清晰的弥漫性水肿，触感如面团，或者皮肤厚度明显增厚，则可诊为结核分枝杆菌感染。

【防治要点】

1. 预防措施

预防接种与定期检疫是控制牛结核病传播的关键措施。对家畜实行每年2次的定期检疫可有效防控此病，当检疫结果呈阳性时应立即淘汰，以防疾病进一步传播。确诊感染的病牛必须与健康牛群隔离，隔离区域要远离健康牛群，病死牛尸体需要进行无害化处理，防止疾病在群体中扩散。另外，加强对养殖场内健康牛群的饲养管理，制定科学的卫生管理制度，定期对牛群和畜舍进行消毒和监测。

2. 治疗措施

牛结核病具有很强的传染性，人也可被感染，将病牛彻底消杀才是根治牛结核病的有效手段。病牛病情较重、病程较长时，一般直接放弃治疗，立即淘汰进行无害化处理。

第八节 链球菌病

链球菌是革兰氏阳性化脓球菌，广泛散布在自然界，一般出现在人和动物的消化道及鼻咽部等处，主要包括致病性和无致病性2

种类型。致病性链球菌可引起人和家畜的化脓性疾病，如乳腺炎、败血症、马腺疫和人的猩红热等。牛链球菌可引起牛感染性心内膜炎，且病牛常伴有肠道恶性肿瘤，感染牛链球菌还会造成反刍动物的瘤胃酸中毒。

【病原】 菌体是球形或者椭圆，大小为0.5～1μm，为需氧或兼性需氧，营养要求高，需要在含有血液、血清、葡萄糖等的培养基中生长。牛链球菌属D组链球菌，为革兰氏阳性球菌，种类众多，有非致病菌和致病菌。致病菌引起的链球菌病的临床表现多种多样，可以引起种种化脓创伤和败血症，也可表现为各种局限性感染。病菌对消毒药的抵抗力不强，使用2%苯酚、2%来苏尔、0.5%漂白粉等消毒药物可以将其杀灭。

【流行特点】 链球菌病是一种急性、热性、败血性传染病，传染性强，传播途径广。带菌牦牛可通过咳嗽、打喷嚏等途径释放病原体，该病还可通过胎盘垂直传播给幼仔。链球菌病可以通过直接接触感染动物、空气飞沫、消化系统、皮肤伤口或黏膜接触等多种途径传播，是人畜共患病。人类感染后多表现为呼吸道感染（如咽炎、扁桃体炎）和皮肤感染（如脓疱疮）等症状。

由肺炎链球菌引起的急性败血性传染病主要发生于犊牛，曾被称为肺炎双球菌感染。患畜为传染源，3周龄以内的犊牛最易感。主要经呼吸道感染，呈散发或地方流行性。

【临床特征】 犊牛感染的肺炎链球菌，最急性型：病例非常短，通常仅持续几小时。在这个阶段，犊牛会突然发病，体温明显升高，可达41～43℃，呼吸加快，通常在24h内发生死亡。急性型：如果病程延长至1～2天，犊牛可能会鼻镜潮红、流脓性鼻液、结膜发炎、消化不良并伴有腹泻。在一些情况下，犊牛可能会出现支气管炎或肺炎，伴有咳嗽、呼吸困难、共济失调，肺部听诊可能听到啰音。慢性型：慢性经过的犊牛大多没有特殊症状表现，此类病症在病发种群中占到了60%左右。但是，染病后大多有产乳量下降症状。患病初期，由于症状不明显而极易被忽视，随着病程发展直到乳房硬化肿胀并且在乳汁中出现絮片才被发现染病。到了后期，乳房可能会变得硬化和肿胀，乳汁中可能出现脓性絮片，乳房皮肤可能绷紧并呈现蓝红色，仅能挤出少量微红色至红棕色含絮片的分泌液，这种分泌液可能带有恶臭味。此外，牛只可能伴有全身症状，如发热、食欲不振和精神沉郁等。

【病理剖检】犊牛感染肺炎链球菌，病变剖检可见浆膜、黏膜、心包出血。胸腔渗出液明显增量并积有血液。脾脏呈充血性肿大，脾髓呈黑红色，质韧如硬橡皮，“橡皮脾”是本病特征病变。肝脏和肾脏充血，出血，有脓肿。剖检可见浆膜、黏膜、心包出血；胸腔渗出液明显增量并积有血液。

成年牛链球菌乳腺炎病理剖检变化分为两种类型：

（1）急性型　患病乳房组织浆液浸润，组织松解。切面发炎部分明显鼓起，小叶间呈黄白色柔软有弹性。

（2）慢性型　以增生性发炎和结缔组织硬化、部分肥大、部分萎缩为特征。

【诊断要点】初步诊断牛的链球菌病主要依据临床症状、实验室检查和细菌学鉴定。实验室检查包括血常规、血生化等指标检测，细菌学鉴定则通过分离培养、生化试验和血清学试验等方法进行。

取病畜咽拭子、咳痰或其他组织标本，涂于载玻片上，用瑞氏染色或格拉姆染色等方法染色。用显微镜观察染色后标本可发现，链球菌革兰氏阳性，可以观察到紫色圆形或椭圆形细胞。将样品接种在选择性培养基，如血琼脂培养基或巴氏培养基，置于35～37℃下培养。在血琼脂培养基上，牛、羊链球菌通常形成小而黏稠的灰白色或乳白色菌落，呈凹凸不平状。巴氏培养基上，牛链球菌可以产生β-溶血素，形成清晰的溶血区域，即菌落周围有透明的空白区域。

【防治要点】养殖过程中做好疾病监测工作，出现疑似病例及时防控，制定科学合理的消毒清洁制度，加强消毒清洁，提高疾病治疗效果。链球菌对多种药物都比较敏感，因此发病后最好先进行药敏试验，选择最敏感的药物进行治疗。

1. 预防措施

预防牛链球菌病的关键在于加强饲养管理，保持清洁卫生，避免交叉感染，定期接种疫苗，提高动物抵抗力。对于已发病的动物，应及时隔离治疗，防止疫情扩散，同群牛要限制活动范围。对病死牛要采取集中堆积处理，可进行深埋或者焚烧等无害化处理。

2. 治疗措施

首选青霉素、链霉素等抗生素药物进行治疗。对于发热症状严重的病例还需辅助运用柴胡、安乃近等药物，并配合强心补液。还可以使用磺胺类药物或头孢类药物进行针对性治疗，可以肌内注射头孢噻肟0.2mL/kg或磺胺嘧啶钠注射液30mg/kg。

第九节　葡萄球菌病

葡萄球菌病是由葡萄球菌感染而引起的各种疫病的总称。在葡萄球菌属（*Staphylococcus*）中，金黄色葡萄球菌（*Staphylococcus aureus*）为侵害牛只常见菌种，以引起乳腺炎为临床表现，可见化脓性炎症，由此引起败血症而导致患病牛死亡。因其具有存活时间长、抵抗力强、易产生耐药菌株等特性，对人与动物的威胁性强，而葡萄球菌对牛的侵害尤为明显，病例数有增长趋势，病变频发，因而对其诊断和防治显得尤为重要。

【病原】葡萄球菌为革兰氏阳性菌，常呈葡萄串状排列。对外界环境的抵抗力较强。在尘埃、干燥的脓血中能存活几个月。对青霉素、红霉素、庆大霉素等敏感，但易产生耐药菌株。在纯培养或固体培养基上生长的菌株，常呈典型葡萄球状，不规则的团聚；在脓液等标本或在液体培养基中，可呈单个、双球形或短链形。

单个菌体，直径为0.5～1.5μm，平均为0.8μm，排列呈葡萄串状，金黄色葡萄球菌在固体培养基上常呈葡萄串状排列，无鞭毛，无芽孢，一般不形成荚膜。在无芽孢菌中，葡萄球菌抵抗力较强。它的耐盐性强，在含15％氯化钠的培养基上仍能生长。在干燥的脓汁中可存活2～3个月，80℃ 30min才能将其杀死。3％～5％的苯酚、75％乙醇、1％～3％结晶紫对此菌均有良好的消毒效果。其对青霉素、庆大霉素、磺胺类药物等敏感，但易产生耐药性。需氧或兼性厌氧，对碱性苯胺染料容易着色，本菌营养要求不高，在普通培养基上生长良好，若加入血液或葡萄糖，生长更为旺盛；在肉汤培养基中呈均匀浑浊生长；在普通琼脂平板上形成湿润、光滑、隆起的圆形菌落。菌落颜色依菌株而异，初呈灰白色，继而为金黄色、白色或柠檬色。

【流行特点】葡萄球菌可通过呼吸道、消化道等多种途径传播，也可通过毛孔汗腺进入器官感染动物。多数动物、人体都对其有易感性，多发于奶牛。季节性不明显，但这种病菌多发于夏秋季节，传播呈散发性，分布广泛。这种疾病的传染源为患病动物及带菌动物。它可通过破损皮肤黏膜、消化道、呼吸道等途径进行传染，也可经过毛孔、汗腺进入动物体内进行疾病传播。金黄色葡萄球菌的传播主要发生在挤奶过程中，如通过擦洗乳房用的毛巾、水、挤奶员的手、挤奶杯等传播，传染性致病菌的危害比较大，只要感染机体，就会形成传染源，即使感染牛本身不发病，也会传染给其他牛导致疾病的发生。日常饲养管理不良、养殖环境恶劣、环境污染严重、各种外伤类疾病、挤乳不当、各种寄生虫疾病、并发症导致牛抵抗力降低等都可导致葡萄球菌病发。

【临床特征】牛的葡萄球菌病多发于奶牛，主要是由金黄色葡萄球菌引起，根据病程长短分为急性和慢性葡萄球菌乳腺炎，有着不同的临床症状。

急性经过表现为患区呈现炎症反应，含有大量脓性絮片的微黄色至微红色浆液性分泌液及白细胞渗入间质组织中。受害小叶水肿、增大、有疼痛感。仅能挤出少量微红色至红棕色含絮片分泌液，带有恶臭味，并伴有全身症状，有时表现为化脓性炎症。

慢性经过大多没有特殊症状表现，此类病症在病发种群中占到了60％左右。但是，染病后大多有产乳量下降症状。患病初期，由于症状不明显所以极易被忽视，随着病程发展直到乳房硬化肿胀并且在乳汁中出现絮片才被发现染病。到了后期，患病牛会因为结缔组织增生而出现乳房硬化、缩小表现，同时在乳池内黏膜可见息肉并有增厚表现。这种情况下，牛只的乳房可能会变得硬化和肿胀，乳汁中可能出现脓性絮片，乳房皮肤可能绷紧并呈现蓝红色，仅能挤出少量微红色至红棕色含絮片的分泌液，这种分泌液可能带有恶臭味。此外，牛只可能伴有全身症状，如发热、食欲不振和精神沉郁等。

【病理剖检】

1. 急性葡萄球菌乳腺炎

乳房的皮肤绷紧，乳房肿胀，呈蓝红色，迅速增大、变硬、发热、疼痛。

2. 慢性葡萄球菌乳腺炎

病牛结缔组织增生而出现硬化、缩小的表现，同时在乳池内黏膜可见息肉并有增厚的表现。

【诊断要点】

1. 初步诊断

可根据染病后的临床症状、疾病流行特点进行初步诊断。

2. 实验室诊断

（1）涂片镜检　使用化脓灶脓汁或败血症病料直接涂片，在革兰氏染色镜检后，观察细菌形态排列和染色特征来诊断。

（2）细菌分离培养　无污染时，将病料划线接种于普通琼脂或血琼脂平板，37℃培养24～48h，挑选可疑菌落进行纯培养。血液、呕吐物、粪便等病料，可先接种肉汤进行增菌培养再划线接种高盐甘露醇培养基、卵黄高盐甘露醇培养基或Baird-Parker培养基等选择性培养基，然后再进行纯培养。得到的纯培养物需要进一步鉴定，金黄色葡萄球菌具备如下特征：革兰氏阳性球菌；触酶试验阳性；血浆凝固酶试验阳性；耐热核酸酶阳性。另外，致病菌株可表现为溶血、分解甘露醇产酸。

（3）葡萄球菌肠毒素的检查　将呕吐物、粪便或剩余食物作细菌分离鉴定的同时，接种至肉汤培养基，置 CO_2 环境下 37℃ 培养 40h，离心沉淀后取上清液，经 100℃ 30min 处理后注射至 6～8 周龄的幼猫静脉或腹腔。若在注射后 15min 至 2h 出现寒战、呕吐、腹泻等急性胃肠炎症状，表明有肠毒素存在。

(4) 血清学检查　可用放射免疫法检测感染动物血清中的抗原。

(5) 其他实验方法　ELISA 方法可快速检测微量肠毒素。PCR 可检测葡萄球菌肠毒素基因。DNA 探针杂交技术则可直接检出产肠毒素的阳性菌株。

【防治要点】

1. 预防措施

牛葡萄球菌病应从源头上加以防止，对牛场科学系统化管理是防止疾病产生的基础。其中包括对饲养场环境卫生的管理，保持饲养场清洁，做好消毒管理措施，保证运动场内没有尖锐锋利的物品；建立完善的记录系统；制定正确的挤奶程序，挤奶后乳头药浴；检测牛饲料及牛饮用水，杜绝污染，做好消毒；加强牛圈栏管理，保证圈内没有尖锐物品，防止牛外伤，发现皮肤损伤及时医治；减少牛群与患病牛接触时间，从根本上隔离致病因素。应及早发现及早治疗，控制传染源，减少感染机会，尤其应注意切断感染途径。

2. 治疗措施

青霉素类药物是防治葡萄球菌病的首选药物，但易形成耐药性，必要时可通过药敏试验筛选敏感药物。除此之外红霉素、庆大霉素、卡那霉素等对于治疗葡萄球菌也有很好的疗效。

第十节　产气荚膜梭菌病

产气荚膜梭菌（*Clostridium perfringens*）又称魏氏梭菌（*Clostridium welchii*），是一种革兰氏阳性产芽孢的厌氧杆菌。可引起家畜和人类肠道疾病，严重威胁畜牧业健康发展和人类食品安全。我国牦牛群中该病时有发生，以散发为主。该病发病急，病程短，往往来不及治疗就死亡。

【病原】产气荚膜梭菌菌体两端钝圆，为革兰氏阳性直杆菌，长1.3～19.0μm，宽0.6～2.4μm。单在或成双，无鞭毛，不运动。本菌虽能形成芽孢，但在动物组织和一般培养物中很少能看到。在产芽孢培养基上，可形成大而圆的偏端芽孢，使菌体膨胀。芽孢位于菌体中央或近端，使菌体膨胀为梭形，但在一般条件下罕见形成芽孢。多数菌株可形成荚膜，荚膜多糖的组成可因菌株的不同而有变化。本菌为两端稍钝圆的大杆菌。芽孢呈卵圆形，但较少见，幼龄培养物为革兰氏阳性。此菌厌氧要求不十分严格。在肝块肉汤中生长迅速，并产生大量气体。产气荚膜梭菌有A、B、C、D、E五型，以A型引起牛的发病为最多，A型产气荚膜梭菌所有菌株均产生外毒素。

产气荚膜梭菌由消化道或伤口侵入机体，产生多种毒素和酶。产气荚膜梭菌产生的外毒素有α、β、γ、δ、ε、η、θ、ι、κ、λ、μ、γ 12种，也能产生具有毒性作用的多种酶，如卵磷脂酶、纤维蛋白酶、透明质酸酶、胶原酶和DNA酶等，具有强大的侵袭力。在各种毒素和酶中，以α毒素最为重要，为一种卵磷脂酶，能损伤多种细胞的细胞膜，引起溶血、组织坏死，血管内皮细胞损伤，使血管通透性增高，造成水肿。产气荚膜梭菌能引起多种人畜疾病，A 型菌主要引起人气性坏疽和食物中毒，B 型菌主要引起羔羊痢疾，C 型菌主要引起绵羊猝疽，D 型菌引起羔羊、绵羊、山羊、牛的肠毒血症，E 型菌可致犊牛、羔羊肠毒血症，但很少发生。

【流行特点】不同年龄、不同品种的牛均可感染发病，且四季均可发生。发病牛多为体格强壮、膘情较好者。犊牛和幼龄牛也易感。传染源是病牛和带菌者，通过污染的饲料、垫草、饮水传播，露水地和低洼地放牧也常引起发病。多经消化道感染，多发于春、秋两季，多呈散发或地方流行。

【临床特征】患病牛病程长短不一，短则数分钟至数小时，长则 3～4d 或更长；有的呈跳跃式发生。临床症状主要有 3 种表现。

1. 最急性型

无任何前驱症状，在放牧、拴系、使役时，突然出现异常，四肢无力，行走或站立不稳。强行驱赶，不思行走，或倒退或步履不稳，摇摆缓步；精神沉郁，头触地呆立；肌肉发抖，尤以后躯为甚；起卧、跳跃后跌于地，四肢呈游泳状划动，头颈向后伸直，哞叫数声后不久死亡。病程最短的几分钟，最长的 1～2h。也有的前一天晚上正常，第 2 天发现死在厩舍中。死后腹部迅速胀大，口腔流出带有红色泡沫的液体，舌脱出口外，肛门外翻。

2. 急性型

牛体温升高或正常，呼吸急促，心跳加快，精神沉郁或狂躁不安，食欲不振甚至废绝，耳鼻、四肢发凉，全身颤抖，行走不稳。出现症状后，病情发展迅速，倒地、四肢僵直，口腔黏膜发绀，大量流涎，腹胀、腹痛，全身肌肉抽搐震颤，口流白沫，倒地后四肢划动，头颈后仰，狂叫数声后死亡。

3. 亚急性型

呈阵发性不安，发作时两耳竖直，两眼圆睁，表现出高度的精神紧张，后转为安静，如此周期性反复发作，最终死亡。急性和亚急性病牛有的发生腹泻，肛门排出含有多量黏液、呈酱红色并带有血腥异臭的粪便，有的排粪呈喷射状水样。病畜频频努责，表现里急后重。

【病理剖检】 严重的肠黏膜坏死，部分覆盖伪膜，肠内容物呈带血稀液状。肠系膜淋巴结肿胀出血，实质器官变性。C 型菌病牛尸体体腔含有大量液体，黏膜呈黑红色，肠腔出血含有带血物，浆膜有大量出血点，肺充血水肿，D 型菌病畜肠、心、肺的浆膜面和胸腺散布不规则出血点，肺充血水肿，心包囊含有大量液体。C 型和 D 型菌还引起中枢神经系统水肿和肾病变。

【诊断要点】

1. 初步诊断

结合流行特点、临床症状和病理变化可做出初诊。但由于发病急、病程短，多无明显症状而突然死亡，病理变化复杂，所以确诊应依据实验室细菌学检查及毒素检查。

2. 实验室诊断

（1）镜检观察　取肠内容物或病变部黏膜刮取物涂片，染色镜检，如见大量的革兰氏阳性杆菌，多单在或两个相连、两端钝圆，有荚膜，部分菌体有中央或近端芽孢，呈梭形，则怀疑为本菌。产气荚膜梭菌虽能形成芽孢，但触片及培养物中均不易观察到。

（2）细菌分离　A 型菌所致人气性坏疽和食物中毒的微生物学

诊断，主要依靠细菌分离鉴定。将病变部肠内容物接种到厌氧肉肝汤培养基，80℃水浴15～30min后置37℃培养24h，再用培养液接种葡萄糖血琼脂平板分离细菌。选取有溶血环的可疑菌落，进行细菌鉴定。同时对分离菌用厌氧肉肝汤培养基培养，培养物做毒素检查。

其余各型所致的疾病，均由细菌在肠道产生毒素所致，正常人畜肠道中常有该菌存在，因此，从病料中检出产气荚膜梭菌并不能说明它就是病原，只有分离到毒力强的产气荚膜梭菌时，才具有一定参考价值。

（3）致病性试验　正常人畜肠道中常有本菌存在，动物也很容易于死后被侵染。因此，检查肠内容物毒素更为重要。具体方法为取回肠内容物，经离心沉淀后取上清液分成两份，一份不加热，一份60℃ 30min处理，分别静脉注射家兔（1～3mL）或小鼠（0.1～0.3mL）。如有毒素存在，不加热组动物常于数分钟至若干小时内死亡，而加热组动物不死亡。若要确定毒素的类别，需进一步做毒素中和保护试验。目前已采用多重PCR等分子生物学方法用于毒素基因的检测，快速方便，可参考NY/T 3073—2017《家畜魏氏梭菌病诊断技术》。

【防治要点】本病发病急、病程短，死亡率高，往往来不及救治。确检为产气荚膜梭菌病时，迅速隔离病畜。贵重的轻症病畜可用同型高免抗毒素血清静脉注射治疗，宰杀重症病畜。销毁病死和宰杀动物的内脏、病畜粪便和其他污染物，高温处理病畜肉尸。对被污染的圈舍、场地和用具等，用6%～10%漂白粉或3%福尔马林进行消毒。

1. 预防措施

应采取加强饲养管理、严格进行圈舍和环境消毒、定期预防接种等综合措施。应注意避免在低洼潮湿地放牧，提高日粮粗饲料比例。如果牛场发生过该病或者饲养管理水平较差，可考虑使用疫苗进行免疫接种，免疫时间、方法以及剂量可按照疫苗使用说明书操作。对于发病牛场，可给全部牛紧急接种多联浓缩苗。

2. 治疗措施

目前尚无有效的治疗措施，一般遵循强心、补液、解毒、镇静、调理肠胃的原则，进行对症治疗。

第十一节 气肿疽

气肿疽也叫“黑腿病”，是牦牛养殖过程中常见的发热性、急性、败血性传染，以发病率高，感染性强为特征。常在牛肌肉相对较为丰满的位置出现明显的炎性和气性肿胀，挤压有捻发音，因此也叫“鸣疽病”，会导致牦牛跛行、无法站立等症状。

【病原】病原是气肿疽梭菌，是革兰氏阳性厌氧菌，形态为两端钝圆梭状的粗大杆菌，单个或成对，有鞭毛，无荚膜，在体内外均能形成芽孢（自然条件下多以芽孢形态存在）。气肿疽梭菌对普通化学消毒剂及高温、干燥环境适应能力差，但形成芽孢后，其抵抗力极强。芽孢能够在土壤中存活 5 年以上，在尸体中能够存活 3 个月以上，在液体或者组织中的芽孢能耐受 20min 沸煮，用 3%浓度的福尔马林处理 15min 或者 0.22%的氯化汞溶液处理 10min 可杀死芽孢。

【流行特点】该病主要通过消化道感染动物，少数通过创伤和蚊虫叮咬传播，也有可能是病原体通过伤口侵入到牛的血液中感染健康牛，传播速度快。发生过该病的牧场，草地被污染，往往会在易感牛群中有规律地在每年重复出现。传染源是病畜和被病畜排泄物、分泌物或者病死牲畜尸体污染的土壤、水源及饲草、饲养设备等，病畜不会直接传给易感动物。

病原体通过病畜体内的分泌物及排泄物进入土壤，并造成环境污染，导致牛感染病菌。长期以芽孢的形式生存于土壤中，牛在感染形成芽孢的病原后，即可发病。其他健康牛采食被污染的饲草、水源后，病菌通过口腔和咽喉创伤、松弛或微伤的胃肠黏膜等，进入到牛机体内，通过血流感染牦牛全身。

不同品种、年龄阶段的牦牛，均容易感染该病，年龄较小（6月龄到2岁）的牛其自身免疫力较差，感染率与死亡率会更高，常出现一过性的跛行和发热，一般短时间内症状消失。其发病具有明显的季节性，一般在5～9月的高温高湿季节易发，这个时候的气温相对较高，降水充足，同时昆虫活动频繁，这都为气肿疽梭菌的生长和传播创造了条件。同时也有一定的地区性，呈地方流行性，常发生于高山、峡谷地区或是地势低洼且相对潮湿的地区。发病年龄多集中在0.5～5岁，1～2岁占比较高，死亡率较高。

【临床特征】病牛局部骨骼肌出血性坏死，皮下和肌间结缔组织出血，发病过程中产生大量气体，在患病牛肌肉丰满的组织器官出现臌胀，挤压有捻发音，突然发病，多伴有患病牛跛行，是土壤病之一。牛气肿疽的潜伏期很短，一般在1～5d，在潜伏期间无明显症状，后期会突然发病，体温明显升高达41～42℃，病牛表现精神不振，采食饲料减少，停止反刍，鼻镜干燥。年龄越大的牛症状表现越轻，老牛患病后常可自行康复。部分病牛轻度跛行，食欲废绝，反刍停止。短时间内在会在颈侧、肩部、腰部、后肢上部、臀部等肌肉组织发生炎性气肿，初期触诊有痛感并伴有捻发音，后期痛感消失。叩诊发出明显的鼓音，皮肤干硬，呈暗黑色，有时形成坏疽。急性发病病牛常在短时间内死亡，死后尸体明显膨胀并很快腐烂。不久会在肩、股、颈、臂、胸、腰等肌肉丰满处发生炎性肿胀，初热而痛，后变冷，触诊时肿胀部分有捻发音。肿胀部分皮肤干硬且呈暗黑色，穿刺或切面有黑红色液体流出，内含气泡，有特殊臭气，肉质黑红，周围组织水肿；局部淋巴结肿大。严重者呼吸增速，脉细弱而快。病程为 1～2d。

【病理剖检】病牛死后，尸体很快膨胀腐烂，皮下血管怒张，天然孔流出带泡沫的暗红色血液，肛门及阴户外翻，肌肉组织呈暗褐色，有蜂窝状病变，切开肿胀流出带有气泡的恶臭液体，皮下有淡黄色胶冻样渗出物，病变肌肉松弛并散发出气体，横切面呈海绵状，淋巴结充血肿大，胸腔和心包腔存在大量淡红色液体，心肌变性，心内膜有点状出血，肺水肿充血，小叶间发生胶样浸润；腹腔大量积液呈暗红色，肠系膜淋巴结肿大出血；肝脏肾脏充血，呈暗红色，切面呈蜂窝状；脾明显肿大，脾髓变成粥状呈暗红色。

主要病变为尸体迅速腐败和臌胀，天然孔常有带泡沫的血样液体流出，患部肌肉呈黑红色，肌间充满气体，呈疏松多孔的海绵状，有酸败气味。局部淋巴结充血、出血或水肿。肝、肾呈暗黑色，常因充血而肿大，还可见到豆粒大至核桃大的坏死灶；切面有带气泡的血液流出，呈多孔海绵状。其他器官常呈败血症样变化。

【诊断要点】

1. 初步诊断

根据流行特点、病牛的临床症状表现及病理变化、流行病学等情况做好判断，若符合症状，可做出初步诊断。

2. 鉴别诊断

该病临床症状与恶性水肿、炭疽和巴氏杆菌病具有相似之处，诊断时需注意鉴别区分，避免误诊。确诊需现场采集肿胀部位病变的肌肉组织、肝脏、脾脏、血液及水肿液，在无菌环境下做细菌分离培养，进行实验室诊断，气肿疽梭菌革兰氏染色呈阳性，镜检可见单个或数个连在一起的无荚膜、有芽孢的短小杆菌。恶性水肿应与气肿疽相区别：恶性水肿的发生与皮肤损伤病史密切相关，恶性水肿多见于皮下部位，并且部位不定，其在各个年龄阶段和品种的牛均有可能出现，无发病年龄与品种区别。还应注意与炭疽和巴氏杆菌病区别。

3. 免疫学快速检测

免疫胶体金检测法、ELISA 检测方法，具有特异性强、灵敏度高、操作简单、便于保存等优点，临床上可以作为快速有效诊断气肿疽的有效方法。

4. 实验室诊断

在无菌环境下，取患牛病变部位的肌肉、水肿液或是病死牛的肝脏制作成检验病料，对病料表面进行涂片、染色处理，显微镜下镜检，若是发现病菌即可以进行精准的诊断。

【防治要点】

1. 预防措施

放牧饲养应避开被污染过的草场，舍饲要严格把控饲料来源，确保饲草不能来源于疫区。做好疫苗接种，一般在春季和夏季对牛群进行定期疫苗接种，通常在牛 6 月龄之后接种。每年春秋季节，为6月龄以上牛接种气肿疽菌苗，选择皮下注射的方式，接种量为5mL，接种后犊牛体内即会产生免疫力，且免疫力能够维持6个月，接种疫苗的小牛在6月龄以后要进行加强免疫，疫苗接种操作要规范，做好消毒措施，避免交叉感染。牛场一旦发现此病，及时隔离治疗，病死牛严禁食用，应采用深埋或焚烧等方法进行无害化处理，以减少病原的传播。

2. 治疗措施

发病早期，青霉素肌内注射，每次200万单位，每日2～4次；身体肿胀的肌肉部位，可以直接涂擦3%双氧水。

第十二节　牛肺疫

牛肺疫又称“牛传染性胸膜肺炎”，俗称烂肺病，具有传播速度快、致死率高的特征，是一种主要通过密切接触而传播的疾病。其为支原体感染引发的肺部炎症反应，主要表现为短干咳嗽、纤维素性胸膜肺炎，多发生于夏末秋初，主要发生于3～30月龄犊牛，对牛的肺脏组织和胸膜造成严重侵害，典型病理特征是纤维素性胸膜肺炎和浆液性纤维素性肺炎。该类疾病会感染牦牛、奶牛、黄牛、水牛、鹿和羊等多种牲畜，大多急性发病，多发生在3～7岁牛群中，1岁以内的犊牛易感性最强。

【病原】牛肺疫是由丝状支原体感染引发的，该病原体非常微小，无细胞壁，其外观主要呈球形、粒形和短杆状，直径为124～149nm，有时也可见丝状，丝状支原体长在200nm以上。牛是该病原体的易感生物，主要存在于患病牛的肺脏组织、胸腔体液以及呼吸道、气管分泌物中，健康牛直接接触病原或间接接触污染物质都会造成同种群间的快速传播蔓延。该病原体生长比较缓慢，可以长期潜伏在体内，在营养琼脂培养基中可体外培养，但需要经过1周左右才能长出菌落。

自然条件下，丝状支原体抵抗力相对较差，一般的消毒剂均能在短时间内将其杀死，对紫外线也十分敏感，高热环境下短时间内就会失去活性。它对外界环境的抵抗力不强，阳光照射几个小时后即可灭活；在50℃的环境中经过2h可失去活性；在60℃的环境下，经过30min后会失活。在干燥环境下也会迅速失活。该病原体对常用消毒剂的抵抗力较弱，使用浓度为0.5%的来苏尔、1%～2%的氢氧化钠、2%的苯酚或0.5%的漂白粉消毒几分钟即可将其灭活。

【流行特点】发病原因主要为饲养管理不善，包括牛栏闷热、潮湿、通风不良及饲料霉变、饲料中缺乏维生素等。

患病牛和带菌牛是主要传染源，患病牛呼出的气体、繁殖母牛的乳汁、排出的尿液、子宫分泌物均可以感染健康牛群。其中，6月龄左右犊牛易感性最强，4岁后发病率呈逐渐下降态势。感染后，发病率通常在61%～72%，死亡率在32%～53%。年龄与长势不同，感病后病理学变化存在较大差异，较快时2～4d就会出现典型临床症状，年龄较大牛群甚至长达数月都不会出现典型临床症状。该病发生流行不受季节影响，一年四季均可发生传播。其中，冬春两季由于外界应激因素相对较多，是传播流行高发期。

【临床特征】牛肺疫在牛群中传播流行后，某些易感群体短时间内就会表现出特征性临床症状，如体温显著升高，呈现稽留热，出现镇痛性呼吸困难，不能正常采食，常常表现为急性或者慢性传染性胸膜肺炎。

1. 急性感染型

急性型潜伏期相对较短，发病时间通常不超过 7 天，临床症状相对较明显。患病牛体温最高升到 42℃，高热不退，并会表现出明显呼吸道症状，鼻孔张开，呼吸频率加快。有的患病牛呈现腹式呼吸，且呼吸高度困难，伴随吭哧声或短咳；鼻腔中流出清澈或脓性鼻液，有时夹杂少量血丝。发病阶段，患病牛反刍逐渐迟缓或者停止，呆立不愿意走动，长时间卧地不起，伴随肘部肌肉震颤；按压患病牛胸部时，会出现退避动作，十分敏感。随着病情发展，患病牛精神状态逐渐变差，便秘腹泻交替出现；转归期表现为头颈挺直、鼻孔严重扩张，前侧肢体向外展、呼吸高度困难，鼻孔中流出白色泡沫；心力衰竭，脉搏跳动速度逐渐加快，每分钟 80～120 次；眼睛显著肿大，体表皮肤松弛，身体素质逐渐变差，最后窒息死亡，发病过程通常在 14～27d。

2. 慢性感染型

一般为急性感染未能有效控制，发展为慢性感染病例，或在发病早期即出现慢性感染，一般症状不明显，出现症状后主要为干咳，胸部听诊会出现大小不一浊音，一般在改善管理环境、饲养条件后，症状可逐渐缓解，但其同样存在传染性，若饲养条件未能改善，会造成感染范围扩大。

【病理剖检】解剖处理一定要在严格的实验室条件下，避免病原微生物扩散蔓延。大多数牛群都会表现出胸腔病变，出现间质性肺炎，肺间质显著变宽、粗糙不堪，肺脏组织出现严重坏死，有时还会出现浆液性纤维素性胸膜肺炎。

【诊断要点】

1. 初步诊断

根据对病牛的临床症状和病理变化的观察，可以初步诊断本病疑似病例。

2. 鉴别诊断

本病的实际症状和很多呼吸道病较为相似，尤其是流感、巴氏杆菌感染等，相较于流感和巴氏杆菌感染，牛肺疫发病时间和剧烈程度上表现较缓，多为慢性经过。

3. 实验室诊断

确诊该病还需借助实验室来完成。主要方法通常有病原的分离鉴定、免疫学试验以及凝集试验、琼脂扩散试验等血清学实验和分子生物学实验中的 PCR 检测。

①病原的分离鉴定。无菌采集病死牛肺部病变部位组织作为病料，剪碎后加入 2mL 生理盐水搅拌均匀，7500r/min 离心力离心处理 5min，吸取上清液 1mL 经 45μm 滤膜过滤。取过滤液 0.5mL 加入含有 4.5mL 支原体肉汤（即 PPLO 肉汤）的基础培养基内，置于 5%二氧化碳浓度、37℃恒温箱内培养 72h；培养液由红色变为黄色时，吸取培养好的黄色营养液 50μL 加入 PPLO 固体培养基内，在 37℃、5%二氧化碳浓度条件下继续培养 72～120h 后，4 倍物镜下观察可见菌落呈典型油煎蛋状。挑取单个菌落，经支原体染色液（Dienes 染色液）染色处理后，1000 倍电子显微镜下可见染成蓝色的具有细胞膜、细胞质、核糖体但无细胞壁的丝状体。②可通过咽拭子或直接采集血液进行实验室化验，最常用的检查法是补体结合试验、玻片凝集试验和凝胶扩散试验。其中补体结合试验是

WOAH 推荐用于牛肺疫检测的方法，在亚洲、欧洲和非洲等地一直使用，也是我国当前广泛采用的诊断方法。补体结合试验和玻片凝集试验适合对活牛进行检查确诊，也可用于疫区牛场的全场检查，具有方法简便、结果可靠、检测周期短的优点。凝胶扩散试验主要用于鉴定病理材料内的病原体，更适合病牛死亡后对其发病原因进行确诊，进而为防控提供方案，该方法在病理组织出现腐败时也能使用，不受时间和空间限制，对于小散户牛场，牛死亡后采集病料送到专门检疫机构进行检测，有充足的运输时间。③在分子生物学中应用聚合酶链式反应（PCR）更敏感、离特异性和易于操作。其检测样品可选择鼻腔分泌物、胸膜液、病变的肺或淋巴结。④影像学检查。X 射线检查可见低密度、边缘模糊的片状密度影，部分呈结节状或网状间质浸润影，呈多阶段分布。

【防治要点】

1. 预防措施

①需要加强对牛生长环境的控制，尤其在夏季，尽量保持牛舍的干净舒适，饮水区域也要做好相应的杀毒灭菌等预防管理工作，可以采用高锰酸钾溶液对牛的饮水区域进行喷洒，必要时可直接冲洗牛的口腔，进行彻底的消毒和杀菌。②可给牛注射疫苗，以预防该病的发生。

2. 治疗措施

①西药治疗。临床上治疗牛肺疫主要以抗菌消炎为主，同时配合强心、补液、平喘祛痰、健胃、利尿等治疗。②中药治疗。对于症状严重的患病牛，除了使用西药治疗外还可以配合中药方剂进行治疗。中医治疗牛肺疫主要采取清瘟解毒和止咳化痰的原则，方剂为金银花、黄连、黄芩、板蓝根、葶苈子、知母、浙贝母、郁金、

栀子、大青叶各取 30g，白矾、白芷各取 20g，黄柏、穿心莲、天花粉各取 25g，大黄 40g，甘草 15g，加水后煎煮，给患病牛温服，3 次/d，连续用药 3d。

第十三节　腐败梭菌病

腐败梭菌（*Clostridium septicum*）是引起动物恶性水肿（Malignant edema）的主要病原菌。腐败梭菌病可影响牛、羊、家禽、猪、鹿等多种动物并引发严重疾病。

【病原】腐败梭菌是两端钝圆的大杆菌，无荚膜，有周身鞭毛，革兰氏阳性菌。多单在、成对或链状，但在牛脏器浆膜上的菌体为长丝状，有诊断价值。陈旧培养物为阴性，芽孢呈汤匙状。专性厌氧，抵抗力与本属其他细菌相似。该菌可产生坏死毒素、溶血毒素和透明质酸酶，是马、牛、猪恶性水肿和羊快疫的主要病原菌，同时也致人气性坏疽。

腐败梭菌在一般培养基即可生长，在肝片汤中可产生脂肪腐败。最适宜的生长环境是 37℃ 和微碱条件（pH 7.2～7.6），有血液、血清或葡萄糖时生长更好。致病性梭菌在庖肉培养基中生长后可分为分解蛋白型与分解糖型 2 种，腐败梭菌在庖肉培养基中生长后可使肉块变粉红且产气，属于分解糖型。常用的厌氧培养法是焦性没食子酸法，其次是培养基中加硫乙醇酸或其钠盐，在厌氧条件下生长出灰白色、心形或豆角状、边缘不规则、丝状突起的大菌落。该菌在葡萄糖鲜血平板上可产生溶血环。肉汤初浑浊，后有沉淀，上液清朗，有恶臭。

【流行特点】病原菌分布广泛，该病在临床上较常见。腐败梭菌有多种感染途径，可通过采食被芽孢污染的饲料、饲草或饮水经消化道感染，也可因气温骤变、阴雨连绵或食入结冰、霜冻的料，造成机体抵抗力下降，致使原存在于肠道本不为害的腐败梭菌大量繁殖而引发疾病。所有患病、带菌动物均可称为传染源。患畜可将病原菌散布于外界，增加土壤污染程度，不应忽视。

【临床特征】腐败梭菌由伤口进入受伤的组织中，在厌氧条件下繁殖，产生毒素，损害血管壁，引起局部组织炎性水肿。病菌繁殖时分解肌肉中的部分肝糖原和蛋白质，产生气体。毒素进入血流引起毒血症，发生严重的全身症状且迅速死亡。牛恶性水肿潜伏期12～72h。牛多在创伤局部发生界限不清的炎性气性肿胀，并迅速向周围组织扩散。肿胀部初期热痛、硬固，之后变软而无热痛，触之有轻度捻发音。随炎性肿胀的迅速发展，患畜多有体温升高，呼吸困难、脉搏细速，眼结膜充血，偶有腹泻，大多在1～3d因毒血症而死亡。母牛常见于分娩感染，在分娩后不久，可见阴户和阴道黏膜水肿，并向会阴和腹下部蔓延。从阴道流出污秽的恶臭液体，并伴有全身症状。

【病理剖检】剖检病死牛，可见肿胀部皮下及肌间结缔组织中有酸臭、含有气泡的红黄色或淡黄液体浸润。实质器官变性，脾和淋巴结肿大，偶有气泡，肝脏、肾脏浑浊肿大，血液凝固不良，腹腔和心包积液。肺脏充血、水肿。因分娩引起的，表现为生殖器官黏膜充血、肿胀，被覆污秽、腐败的糊状物，临近骨盆的肌肉气性水肿。

【诊断要点】

1. 鉴别诊断

若是伴随创伤或分娩而发生，以牛恶性水肿居多，如查不出创伤或没有分娩等原因，则应注意与牛气肿疽区别。牛恶性水肿主要侵害皮下和肌肉间结缔组织，肌肉一般没有明显变化。牛气肿疽则主要侵害肌肉组织，呈黑红色或黑褐色，压之有黑色液体渗出，含有多量气泡，腐臭，有一部分受损肌肉状似海绵，含有多量气泡。此外，牛气肿疽多发于0.5～4岁牛和仅限于气肿疽流行地区，而牛恶性水肿则否。

2. 实验室诊断

（1）细菌分离　将送检病料组织触片用瑞氏染液染色后，在显微镜下观察有无细菌感染。取心血、肝脏、脾脏、肺脏及肾脏，无菌接种于自制的VF培养基中，37℃培养24～48h，抹片镜检。按常规方法开展试验，即初代培养物接种至鲜血平板，经厌气培养后挑取单菌落接种至VF培养液中，培养后抹片镜检。还可对牦牛源腐败梭菌α毒素特异性扩增检查。

（2）镜检观察　一般形态染色检查很难与其他梭菌分开，若从牛肝脏浆膜面做涂片镜检，发现大量长丝状菌体具有诊断意义。

（3）分子生物学诊断　虽然腐败梭菌的分离培养技术已经成熟，但从菌群复杂的动物肠道或粪便中分离纯化出腐败梭菌也很困难。随着分子生物学技术的迅速发展，PCR作为一种病原微生物检测技术，以其灵敏度高、快速、特异、操作简单、易标准化等特点，具有常规诊断方法不可比拟的优势。

【防治要点】

1. 预防措施

患畜应隔离治疗，注意饲料和饮水卫生，被患畜排泄物和局部渗出物污染的物品、场所应严格消毒。尸体烧毁或深埋。

2. 治疗措施

该病经过急，发展快，全身中毒症状严重，须从速从早进行局部和全身治疗，才有治愈希望。治疗时，早期应用青霉素和四环素等抗菌药物静脉注射，同时大量输液。局部治疗时主要采取手术治疗，扩大创口，切开创囊，根据肿胀大小、深浅，分数处切开，彻底清除创内异物、坏死组织及水肿液，直至露出健康组织，然后用大量1%～2%高锰酸钾溶液或3%过氧化氢反复冲洗，开放治疗，按外科常规处理。此外，还应注意强心、补液、解毒等对症治疗。

第十四节　肉毒中毒症

牦牛肉毒中毒症是由于牦牛采食含有肉毒梭菌毒素的饲料引发的一种急性中毒性疾病，临床上主要表现为神经麻痹、运动机能障碍，尤其以舌头神经麻痹为主要特征。死亡率高，是一种人畜共患的急性病。

【病原】肉毒梭菌（*Clostridium botulinum*）具有鞭毛，不产生孢子，并且能够合成具有较强的抵抗力的肉毒毒素。肉毒梭菌生命力顽强，耐酸，耐热，100℃环境大约半个小时才能够将其灭活。肉毒梭菌属专性厌氧菌，适宜温度30～37℃，最适pH环境是6.0～8.2。该病主要在夏季比较活跃，冬春偶尔发生。在我国西藏地区，威胁牦牛养殖的主要是C型梭菌杆菌，牦牛肉毒中毒症也表现出地域性发病特点，虽然不会存在严重污染问题，但在同一个养殖场，所有动物群体中膘情良好牦牛个体患病率最高。新鲜培养基上可观察到大小差异较大的大杆状菌，大小为（0.5～2.4）μm×

(3～22)μm，直杆状或稍弯曲。经过孔雀绿染液染色后，芽孢会呈现绿色。

肉毒梭菌在固体培养基上形成直径约为3mm的不规则菌落，半透明，表面呈颗粒状，边缘不整齐，向外扩散形成绒毛状网状结构。在血平板上，菌落周围可以观察到溶血环，而在乳糖卵黄牛奶平板上，菌落下方培养基呈乳浊样，菌落表面及周围形成彩虹薄层，不分解乳糖。对于分解蛋白的菌株，在菌落周围会出现透明环。肉毒梭菌的芽孢对热有很强的耐受能力，能够在煮沸条件下存活5h。干热180℃处理5～15min可以杀死芽孢。芽孢在动物尸体中能够存活半年以上，需要10%盐酸作用1h或20%福尔马林作用24h才能破坏。肉毒梭菌可以在动物尸体、骨头、腐烂物、青贮饲料和发霉的青贮草中保持毒力数月。在80℃下处理20min或100℃下处理15min可以破坏肉毒毒素。经过甲醛处理后，肉毒毒素成为类毒素，具有良好的抗原性。

【流行特点】牦牛肉毒中毒症的主要特点是急性发病，临床表现呈弛缓性麻痹，甚至可造成呼吸肌瘫痪，进而导致死亡，当牛群受到应激或饲料不卫生等环境因素刺激时，肉毒梭菌进入牛体后，母牛被肉毒毒素侵袭变得虚弱，易提前分娩，当其产下犊牛后，乳汁会带有大量的肉毒毒素。牦牛的肉毒中毒症在西藏高原地带发病率较高，常发生在气温较高的夏秋季，当毒素排入外界环境后，可以保存较长时间，所以在春冬季节也会偶尔发生，同等条件下膘情较好的牦牛发病率更高。毒素的来源主要有两个渠道：一是牛自身感染肉毒梭菌，然后以细菌为载体代谢产生；二是牦牛直接食用含有肉毒毒素的饲料，并因此出现中毒症状。肉毒梭菌中毒症是西藏地区以及内蒙古地区牦牛养殖中常见疾病之一，通常是在温热多雨的夏秋季节发病，病牛会表现出运动麻痹、瞳孔散大、呼吸困难、粪便干结等症状，少数病牛还会没有任何症状突然性死亡，对牦牛正常养殖和经济效益带来极大影响。我国西藏地区夏季和秋季的环境温度、湿度条件都满足肉毒梭菌繁殖、代谢的需要。夏季和秋季也是一年当中牧草最旺盛、树木枝叶最繁茂的阶段。牛群和羊群的采食量非常大，从而增加患病风险。

所有温血动物，包括鸟类，都可能感染肉毒梭菌，但易感程度有所差异。家畜的易感性从高到低依次为单蹄类动物、家禽、反刍类动物和猪。根据肉毒梭菌的血清型，不同类型的肉毒梭菌对不同动物和人类的感染性也有所不同。

【临床特征】该病具有潜伏期，其长短取决于毒素的摄入量，通常在数小时至数天之间。患病牦牛表现为神经麻痹，由头部开始，迅速向后发展，直至四肢，初见咀嚼、吞咽异常，后则完全不能嚼咽，下颌下垂，舌垂于口外。上眼睑下垂，似睡眠状，瞳孔散大，对外界刺激无反应。波及四肢时步态踉跄，共济失调，甚至卧地不起，头部在产后轻瘫弯于一侧。但反射、体温、意识始终正常，肠音废绝，粪便秘结，有腹痛症状，呼吸极度困难，最后多因呼吸麻痹而死亡。

【病理剖检】无特殊病变，可见所有器官充血，肺脏水肿，膀胱内充满尿液。

【诊断要点】

1. 初步诊断

根据病史，症状可做出初步诊断，检查草场的尸体、骨头、饲草料及体内是否含毒素，并结合小动物（小鼠）实验可确诊。如果个体出现运动神经麻痹或使用其他抗生素治疗后没有取得良好效果，基本上可以判定为此种疾病。

2. 实验室诊断

(1) 细菌分离　通过细菌的分离和鉴定能够确认样本中是否存在肉毒梭菌。这一过程通常涉及将样本接种于适当的培养基，并进行培养和观察。根据细菌的形态、生理特性和生长习性等，可以进行初步的鉴定。进一步的确认可能需要进行生化试验和基因分型等。

(2) 致病性试验　采集病死牦牛内脏内容物，加入生理盐水充分研磨后静置1～2h，然后在2000r/min离心5min后添加抗生素处理，若接种鸡、小鼠出现死亡、运动麻痹、呼吸困难等症状可以确诊为肉毒中毒症。

(3) 分子生物学技术　PCR是一种快速、敏感的方法，能够针对肉毒梭菌的DNA进行特异性检测。通过扩增和检测特定的基因片段或序列，可以确定是否存在肉毒梭菌感染。这种方法具有高度准确性和灵敏度，常用于迅速筛查疑似病例。

(4) 血清学检测　是基于动物对肉毒梭菌毒素产生的免疫反应进行的。通过检测血液中特定的抗体，可以确定感染情况。这种方法主要是酶联免疫吸附试验测定。血清学检测可以提供重要的补充信息，尤其是在早期感染或无法分离到细菌时。

【防治要点】

1. 预防措施

做好牦牛的饲养管理工作，在饲养管理过程中，如果发现疑似病例需要第一时间进行确认，可以组织有关部门专业人员前来检查，找出患病根源并切断毒素传播途径，避免影响其他动物生命健康；建立健全的监测系统，对饲料进行定期检测和分析，确保其符合安全标准；进行免疫接种，在实施免疫接种时，需要严格遵循相关的操作规范；科学处置疫情。

2. 治疗措施

牛肉毒梭菌病通常表现为急性发作，病程迅速且常常难以治愈。然而，在特定情况下，对于早期发病的个体，可以考虑应用抗毒素血清进行治疗。在治疗过程中，根据病牛的临床表现、免疫状态等因素，可以决定是否使用抗毒素血清。

第十五节 坏死杆菌病

坏死杆菌病是由坏死杆菌（*Fusobacterium necrophorum*），又称坏死梭杆菌引起哺乳动物和禽类感染的一种慢性传染性疾病。临床上以组织坏死为主要特征，常发生于皮肤、皮下组织和消化道黏膜，有时还会在脏器组织中转移，形成转移性坏死病灶。牦牛感染坏死杆菌后主要表现为皮肤腐烂，犊牦牛感染坏死杆菌后主要表现为坏死性口炎。

【病原】坏死杆菌，又称坏死梭杆菌，是一种严格厌氧的革兰氏阴性多形态杆菌，短杆状到长丝状，无鞭毛和芽孢。坏死杆菌能够产生多种毒力因子，如白细胞毒素、蛋白水解酶类、脂多糖、血凝素等。由于坏死杆菌的白细胞毒素的产毒量与坏死杆菌致感染动物产生脓肿的能力密切相关，因此认为白细胞毒素是坏死杆菌的最主要毒力因子。由于坏死杆菌存在这些毒力因子，坏死杆菌能够导致多种动物甚至人的坏死杆菌病，如牛羊的肝脓肿、腐蹄病、坏死性喉炎、肺炎。其中，牛羊的腐蹄病和肝脓肿对养殖业的发展影响最为严重，因为患病牛羊的生产性能降低，经济效益就会降低，坏死杆菌已成为危害牛羊养殖业的重要传染性病原之一，给养牛养羊业带来了巨大的经济损失。

根据坏死杆菌生长在平板培养基上的菌落形态不同，将该细菌划分为四种亚型：A型、B型、AB型和C型；由于C型坏死杆菌对牛羊不致病，又称为伪坏死杆菌；AB型坏死杆菌同时具有A型与B型坏死杆菌的生物学特性；牛羊的腐蹄病和肝脓肿主要由A型和B型引起，A型菌分泌的白细胞毒素比B型更多，且毒力更强，因此A型坏死杆菌为牛、羊腐蹄病和肝脓肿的主要致病菌型。

本菌对外界的抵抗力不强，常用的消毒药物如1%的高锰酸钾、1%的福尔马林、5%的来苏尔和2%～3%氢氧化钠溶液都可以在短时间内杀死本菌。60℃条件下30min即可杀灭，100℃条件下仅需1分钟。

【流行特点】坏死杆菌在自然界中分布广泛，存在于饲养场的土壤、粪便、污染的水和健康动物的口腔及肠道中。在自然条件下，坏死杆菌的抵抗能力不强，常用的消毒剂均能将其快速杀死，但是坏死杆菌产生的芽孢具有较强的抵抗能力和感染能力，这是造成该种疾病传播流行的主要原因。

牦牛的坏死杆菌病发生流行具有一定季节性，在降雨多、湿度较大的地区和炎热季节，常呈地方流行，除牛感染外，其他偶蹄类动物也可以受到致病原侵染。养殖场的患病牛和隐性感染牛是最主要传染源。

坏死杆菌的传播途径多种多样，其能在粪便、水塘低洼地带长时间生存。患病牛所排出的粪便中夹杂很多坏死杆菌，污染周围环境后，实现致病原传播蔓延。损伤的皮肤和黏膜是坏死杆菌侵染的主要途径，在新生犊牛中坏死杆菌可通过脐带侵入脏器组织中；养殖密度较大，牛群之间相互接触；牛舍低洼不平、泥泞不堪，特别是存在大量尖锐凸起物，饲料坚硬混杂；卫生环境不良，潮湿多雨闷热，牛蹄部长时间浸泡在水中，行走或放牧过程中蹄部出现损伤都会造成坏死杆菌病的发生；还有营养不良、钙磷元素严重缺乏、营养物质搭配不当、维生素严重缺乏等，均可促使该种疾病的发生流行。当养殖场存在软骨症时，由于牛蹄角质疏松，同样也为牛腐蹄病的发病提供条件，临床症状加重，死亡率升高。

【临床特征】牦牛感染坏死杆菌病后，因为致病原侵染的部位不同所表现的临床症状存在很大差异。主要表现以下两个方面：

1. 腐蹄病

成年牛坏死杆菌病，多侵害蹄部，又称牛腐蹄病。牦牛蹄部受到致病原侵染后，主要表现为蹄部不能正常着地，通常是单侧肢体发病，随着病情进一步发展，患病牛蹄部症状进一步加重。仔细观察患病蹄部，能发现蹄间隙、蹄踵、蹄冠等部位皮肤呈现苍白色，肿胀，质地变软，局部会出现溃烂现象，对溃烂部位轻轻按压或叩击蹄壳会表现出痛感，并从中流出恶臭、脓样、炎性渗出物，溃烂周围会出现结痂。清理蹄底时，可见小孔或者创洞，有腐烂的角质以及污黑的臭水流出。病情严重后，坏死杆菌会向着肢体转移，造成腱鞘、韧带及关节部位出现坏死现象，部分患病病例还会导致蹄匣脱落。急性发作时蹄冠红肿、热痛，如不及时治疗，病情进一步恶化，在趾（指）间，蹄冠、蹄踵出现蜂窝织炎，形成脓肿和皮肤坏死。坏死可蔓延，深达腱部、韧带、关节和骨骼，致使蹄变形或者脱落。病牛行走困难，喜卧，泌乳量下降，出现全身症状，严重者可发生脓毒败血症而死亡。

2. 坏死性口炎

多发生于犊牛，又称犊白喉。主要表现为食欲减退，体温升高，流涎，有鼻漏。如果口腔黏膜存在损伤，坏死杆菌会通过口腔损伤黏膜组织侵入，引发口腔炎症病变，发病初期患病牛体温显著升高，从口腔中流出大量泡沫状内容物，鼻子、嘴唇、舌头、口腔等部位会产生结节和水疱，随后会形成棕褐色结痂，为伪膜，将伪膜剥落后，在表面会形成不规则的溃疡病灶，严重的还会造成结痂部位出血，病情较轻短时间能恢复健康。如果病情较重，患病部位会逐渐向齿龈蔓延，造成齿龈肿胀疼痛，牙齿脱落，不能正常采食和休息。如果坏死杆菌侵入脏器组织，还会造成严重的败血症症状，使养殖场的病牛死亡率显著升高。

【病理剖检】将病死牦牛解剖后，能发现病变皮下组织呈现胶冻样浸润，各个脏器组织存在严重的坏死现象，并且在坏死的脏器表面会附着1层黄白色的坏死物。大多数病死牛的肝脏显著肿大，质地坚硬，而且在肝脏表面会出现大量干酪样坏死病灶，病灶外附着1层包膜，在包膜下方会存在很多白色油乳状黏稠的液体或豆腐渣状坏死物质。病死牛肺脏组织存在实质性病变，在肺脏组织表面会生长出很多白色米粒大小的坏死病灶，将病灶切开后切面干燥或从中流出脓性或豆腐渣状内容物。胸腔中蓄积大量液体，胸壁和脏器粘连引发坏死性胸膜炎，心脏表面存在点状出血，并且心包内蓄积大量液体，心肌表面存在米粒大小的灰白色圆形坏死病灶。

【诊断要点】

1. 初步诊断

根据病牛发病的部位、特殊的坏死现象以及因局部患病而引起的机能障碍，结合饲养管理和流行情况，一般可以做出诊断。

2. 实验室诊断

为进一步确诊，可以做细菌学检测。从病牛的病变部位与健康组织交界处采取病料做涂片，用酒精和乙醚的等量混合液固定5～10min，用石炭酸复红-美蓝液染色30s，水洗后镜检，可见着色不匀的长丝状菌体或细长的杆菌。由于病料多被污染，分离出纯菌较难，可以将采得的病料做成悬液，注射到兔耳静脉或小白鼠皮下，接种局部发生坏死，一周左右死亡，内脏有转移坏死灶，可以采取肝脏病灶进行分离培养或涂片镜检，从而做出诊断。

【防治要点】

1. 防治措施

在日常养殖中，应做到精心管理、科学护理牦牛，保持整个养殖环境的清洁卫生，经常消毒。在低洼潮湿牧场放牧中，应做好排水管理，清理运动场上的粪便污水，定期修剪牛蹄，发现外伤组织应及时进行处理。

2. 治疗措施

饲养管理人员发现患病牛后，应对腐蹄病进行治疗，对于临床症状较轻的患病牛可选择使用1%的高锰酸钾溶液对患病蹄部组织进行清洗，然后撒上硫酸铜粉剂，及时对伤口进行包扎处理。

第十六节 传染性角膜结膜炎

牛传染性角膜结膜炎（infectious bovine keratoconjunctivitis，IBK）又称“红眼病”。该病常导致病畜眼部流泪不适，结膜肿胀甚至失明，严重影响牦牛的生产性能。患病牛出现结膜炎和角膜炎症状，并伴有严重的流泪以及角膜浑浊等现象。由于牦牛传染性角膜结膜炎常呈急性经过，且无全身性症状，在初期临床诊治中不被重视，往往导致本病群发，给养殖者带来严重的经济损失。

【病原】能够引发牦牛传染性角膜结膜炎的病原有很多，包括莫拉氏菌、支原体、衣原体、立克次体、一些寄生虫及病毒等，目前有研究表明莫拉氏菌是西藏地区牦牛传染性角膜结膜炎的主要病原体。牛莫拉氏菌（*Moraxella bovis*）可通过接触传染给健康牛，但主要还是通过蝇类及一些飞蛾机械性传播。莫拉氏菌为需氧的革兰氏阴性菌，通常为杆状或球杆状。杆菌短而饱满，接近球形，球形菌通常较小，单个或成对存在。有抗褪色倾向，无鞭毛，有荚膜但不形成芽孢。该菌对培养基的要求较高，在鲜血平板培养基生长较好，有些菌种可以在麦康凯培养基上生长。莫拉氏菌不分解任何糖类，吲哚试验为阴性，在有氧环境下生长良好，在缺氧环境下可微弱生长。菌落不产生色素，通常氧化酶和触酶试验阳性，不产酸以及碳水化合物。目前，已发现 7 种不同血清型莫拉氏菌。该菌多寄生于人或其它温血动物的黏膜上，是一种机会性致病菌。

【流行特点】早在 20 世纪五六十年代，我国四川、青海地区就出现了有关牦牛的传染性角膜结膜炎的报告。据统计，目前大多数牧场均有发病或传染史，部分牧场的发病率高达 40%以上。

莫拉氏菌感染引起的牛传染性角膜结膜炎需要在强烈的太阳紫外线照射下才能产生典型的临床症状，西藏那曲平均海拔 4500m 及以上，有着强烈的紫外线，为该菌感染牦牛并表现出致病症状提供了天然条件，致使西藏牦牛普遍感染该病，严重者导致失明，如治疗不及时还可能导致死亡。本病通常突发于寒暑交替时，多呈地方流行性，不同年龄段的牦牛均能发病，但犊牛较成年牦牛更易感。

本病是接触性传染，发病牦牛是本病主要的传染源，患病初愈的牦牛也是重要的传染源。共饲被污染的水、饲料或接触排泄物等直接或间接接触都有可能传播细菌导致病情的蔓延，除此以外蚊虫、蝇类、飞蛾也是本病传播的重要媒介。

【临床特征】牦牛的传染性角膜结膜炎的潜伏期是2～7d，病程持续时间20～30d，病畜通常无全身性症状，先是单侧眼患病后引起双侧感染。病牛在患病初期精神沉郁、食欲衰退、反刍缓慢，观察可见眼睛流泪、畏光，结膜、角膜周围红肿充血，部分病牛的角膜出现灰白色点状病变，开始出现角膜翳；随着病情的发展角膜翳扩散，眼角开始分泌脓性渗出物，眼睑内有蓄脓、溃疡甚至坏死，睑皮肿胀外翻直至遮住眼睛干扰视野，影响步幅和采食，同时牦牛变得痒痛难忍、狂躁不安，常表现出头、眼部在草皮上来回摩擦，走路时前蹄抬高，步伐紧促，泌乳母畜患病还会导致泌乳量减少。若不及时治疗，3～4d后，角膜凸起，角膜周围血管充血、舒张，角膜逐渐呈现雾状，直至呈现节能灯泡样不透明白色膜，体温升高至40.5～41.5℃。症状较轻的牦牛通常14～21d能自愈，严重的不加以治疗将导致失明，极个别视神经上行感染的病例会引发脑膜炎而致死。

【病理剖检】传染性角膜结膜炎病发时会出现结膜水肿，严重的充血，病理上可见大量的淋巴细胞和浆细胞，以及在上皮层间可见的中性粒细胞。而在不同的情况下，可以出现凹陷、白斑、白色混浊等情况，角膜的病理改变因病理分型而有所不同，凹陷型：上皮剥落，固有层细胞浸润及坏死。白色混浊型：上皮增生，固有层弥漫性玻璃样变性。白斑型：固有层局限性胶原纤维增生和纤维化。隆起型：上皮细胞坏死伴随细菌浸润，固有层纤维化及肉芽组织形成。突出型：虹膜粘连和细菌浸润，可见化脓灶或肉芽组织形成。

【诊断要点】牦牛传染性角膜结膜炎常以眼部症状较明显，对照牦牛角膜结膜炎的临床症状，观察病牛眼部感染情况，检查病牛体征，若该病发病快、感染率高即可做出初步的传染性角膜结膜炎的诊断。但在诊断时应注意与牛恶性卡他热、牛病毒性腹泻-黏膜病、牛传染性鼻气管炎和维生素 A 缺乏症等能导致眼部病变的疾病区别开。

牛恶性卡他热是由恶性卡他热病毒引起的急性传染病，常表现为高热不退，呼吸道和消化道黏膜出现黏脓性坏死，病死率极高；牛病毒性腹泻-黏膜病由牛病毒性腹泻病毒引起，同样高热稽留，特征性表现是严重腹泻，开始水泻，然后排泄物带血和黏液；牛传染性鼻气管炎的病原体是牛疱疹病毒 1 型，其特征是有呼吸道炎症，结膜发炎而角膜不受影响；维生素 A 缺乏症主要发生于寒冷的冬季，主要表现为消化不良和夜盲，一般对角膜和结膜无影响。另外引起该的病原微生物有细菌、病毒、真菌，或者衣原体、寄生虫等，若治疗过程中，应用抗生素效果显著，可排除寄生虫感染。

临床诊断时若发现牦牛的眼睑变厚，结膜红肿，角膜出现荫翳，应首先考虑传染性角膜结膜炎，结合流行病学、临床症状，再借助实验室诊断手段，不难做出明确诊断。

【防治要点】

1. 预防措施

该病菌为接触性致病菌，一旦发生，传播迅速。预防该类疾病时，须做到早发现、早隔离、早治疗的“三早”措施。在日常管理过程中，一旦发现疑似病例，须及时隔离治疗，同时立即清洁、消毒患畜活动区域，严禁其余动物进入感染区。山区牦牛一般都是草原放牧，消灭蚊虫等传播介质比较困难，发生该病时可将牛群集中于临时圈舍，进行抗菌药肌内注射或眼部喷涂预防，或者注射驱虫药，再或者喷洒驱虫药物到全身，喷洒驱虫药物时注意不要喷洒到眼部。

2. 治疗措施

对症治疗，对于比较严重、体温升高的牦牛，肌注双黄连注射液 0.2mL/kg 体重 2 次/d，青霉素钾 3 万 IU/kg 体重 2 次/d；硫酸链霉素 20mg/kg 体重 2 次/d；安乃近（10mL：3g）马、牛 20mL2 次/d，羊 10mL 2 次/d；2d 后，除眼结膜充血红肿外其他症状基本消失，眼部喷涂药物减少次数至 3 次/d；肌注药物 3d 后停药；再经过 2～3d 的眼部药物喷涂，痊愈。

第十七节　放线菌病

放线菌病又称“大颌病”，是牛、马、猪和人的一种多菌性慢性化脓性肉芽肿性传染病，具有强传染性，以牛最为常见。本病广泛分布于世界各地，病原主要是牛放线菌，此外还有化脓放线菌和金色葡萄球菌，以头、颈、颌下和舌出现放线菌肿为主要病理特征。该病一年四季都可发生，无明显季节性，呈散发性，以水平方式传播，潜伏期较长。

【病原】引起牛放线菌病的主要病原是牛放线菌，其他菌类如化脓性棒状杆菌、以色列放线菌、金黄色葡萄球菌也可诱发此病。

牛放线菌（*Actinomyces bovis*）为革兰氏阳性，是不具备运动能力且不能形成芽孢的一种杆菌，能形成孢子，兼性厌氧，有生长为菌丝的发展趋势。菌体从外部结构来看约帽针头大形似硫黄颗粒，质地时而柔软时而坚硬。经过革兰氏染色后，中心菌体会呈现出紫色，有红色的辐射状菌丝，向周围放射状排列，末端膨大，呈红色，如同菊花。这种菌体可侵害软组织和骨骼。

由于牛放线菌没有强大的抵抗力，所以一般的消毒剂都能够将其杀死，但是菌块干燥之后，却能够存活 6 年的时间。牛放线菌在 80℃的环境下，5min 就可以被完全杀死，且对青霉素以及磺胺类抗生素等抗生素药物极其敏感。但是由于药物很难渗透到病灶深处，所以单纯使用药物的效果不明显。牛放线菌对阳光有极强的抵抗能力，自然环境中能够长期存活。

【流行特点】牛放线菌是牛口腔或消化道的真性寄生菌，主要侵害牛，以 2～5 岁幼龄牛最易患病，其流行呈散发性发生。病原体常存于秸秆、谷粒、糠等饲料和污染的土壤、饮水中。牦牛的放线菌病多发于冬春季节，该季节因草场不足或大雪覆盖草场，用夹带麦芒的秸秆补饲，干硬的秸秆和麦芒刺伤口腔黏膜，引起感染而致病。生产中，断乳后不久的 0.5～1 岁牦牛发病率较高。2 岁牦牛次之，3 岁、成年犊牛发病率相对较低。因断乳时，在圈内补饲麦秆 3～5d，且 0.5～1 岁牦牛的口腔黏膜娇嫩所致。初发该病的牛只多为 0.5～1 岁，而后期重症病牛多发于 3 岁及成年牦牛。另外，该病属慢性传染病且该病病菌较顽固，不易完全治愈。饲喂不合格饲草，也可直接导致发病率升高。初发病灶多在口腔黏膜，因口腔属病菌寄生部位，且口腔黏膜易受伤，多见于犊牛。后期重症的病变部位多处在口腔附近的头、颈部、皮下，个别侵害上、下颌骨，多见于成年牦牛。

【临床特征】初期症状。流涎、食欲减退、精神不振、口温较高、口腔黏膜泛白，舌、牙龈及两内颊有数量不等的肉芽肿，多呈红色柱状突出黏膜表面，肉芽肿上端中央有灰白色脓性物，挤压有硫黄样颗粒状菌块出现，全身症状不明显。当病变发生在舌部时，舌面上常形成溃疡，又因舌组织变硬，故称为木舌病。病变发生在咽喉时，表现为流涎，咀嚼及吞咽困难，常有咳嗽。病原体侵害颌骨时，由于骨质不断破坏与增生，骨骼体积增大，显著变形。

中期症状。除初期症状外，肉芽肿数量较多，部分肉芽肿周围触摸到大小不一的硬结，有些肉芽肿长到0.5～1cm，咀嚼破后出现出血、流脓等症状，全身也会出现轻微症状。

后期症状。病牛的两颊、上下颌皮下及头、颈部皮下出现不定位多处化脓性硬结，大的如拳头，小的如蚕豆，有的破溃后流出的脓汁夹带污血，甚至形成口腔瘘。病牛全身症状明显，高热、食欲废绝、精神萎靡，整个头部肿胀，有的出现败血症状，并伴发其他并发症。

【病理剖检】病原体侵入组织以后，引起轻度炎症，局部白细胞发生浸润，外围包以成纤维细胞，出现肉芽组织。患病牛会出现腋下淋巴肿大的病变问题，肿块破溃则会出现黄色脓汁。腹腔内积聚着淡黄色的液体，肝门会有淋巴肿大的变化，肿大的淋巴比较坚硬，外形与鸽子蛋相似，肝脏也会随之肿胀，切开之后侧面会呈现为黑红色。之后由于化脓菌的感染形成脓肿或瘘管，流出脓汁。肝脏内部会有肿块，可看见肿块中有淡黄色的脓汁。心包积液为红褐色，心肌则会呈现为茶褐色，状态与煮熟后的状态相似，易成碎片状脱落。

【诊断要点】因为该病的症状比较特殊，病变也具有一定特点，诊断难度并不大。

1. 实验室诊断

口腔黏膜有红色柱状突出黏膜表面的肉芽组织，上端中央有灰白色脓性物（该特征可与口炎、口蹄疫、水疱病相区别）。两颊、上下颌及头颈部皮下有多个破溃和非破溃的化脓性硬结，有些侵入骨骼。从以上两项的脓汁中可发现肉眼可见的硫黄样颗粒状菌块。或用大号针头穿刺波动感部位并用无菌注射器抽取脓汁，置于无菌小烧杯中加少许生理盐水稀释，先振荡然后再静置，找出硫黄色颗粒置于载玻片上，用10%氢氧化钠或15%氢氧化钾溶液2～3滴处理，使外表的黏附物消化，加盖玻片压片后显微镜镜检。显微镜视野中央为深暗色，系菌丝交叉缠绕的结果，有许多相交的菌丝，此种菌丝的末端排列成放线状，颇为紧密，终末部分较粗。革兰氏染色后镜检，可发现菊花状菌体（紫红色），该特征可作为确认依据。

2. 鉴别诊断

放线菌病的病变情况和临床症状相对特殊，尤其是颌下结节肿胀病例症状明显，不易与其他传染病混淆，根据临床症状不难对该病作出诊断。需要和慢性增生性炎症病、肿瘤性疾病、普通脓肿以及血肿加以鉴别。

【防治要点】

1. 预防措施

补饲前1d，将饮用水或1%的碘化钾或食盐溶液喷洒在备用的干秸秆饲草上，使其变柔软且易咀嚼吞咽，有效避免口腔黏膜受伤感染。利用碘化钾可杀灭该病菌或抑制生长。将牛群饮用水更换为1%的碘化钾溶液配合上法效果更佳。应用柔软适口的优质饲草饲喂犊牛，预防效果较佳。

2. 治疗措施

对口腔黏膜感染此菌的病牛，用木棍蘸人工盐擦拭挤压肉芽脓肿部，使菌体脱出或外露，然后用碘甘油擦拭患部，1～2次，多数初发病牛可痊愈。对顽固者和有并发症者，可注射常量青霉素配合治疗。对两颊、上下颌及头颈部皮下有化脓性硬结、脓肿疽或化脓性口腔瘘者，采用外科手术法进行排脓，切除剥离坏死组织。硬结小且未破溃者，可内服碘化钾或静注碘化钠，于硬结周围注射青霉素-链霉素混合液，疗效较佳。对重症病牛，特别是出现败血症和并发症的病牛，除用以上方法外，还应对症进行补液、解毒、利尿、强心和增加抵抗力等方法。

第三章 牦牛寄生虫病防治

第一节　片形吸虫病

片形吸虫病是由片形吸虫寄生在以牛、羊等反刍动物为主的各种家畜的肝胆管中所引起的一种较严重的蠕虫病，俗称肝蛭病，藏语称为“青勃”。牦牛片形吸虫病是一种严重危害牦牛养殖业，由肝片吸虫和大片吸虫寄生在牦牛的肝胆管内引起牦牛消瘦、生产性能下降甚至死亡的食源性寄生虫病。人偶尔也可感染。本病多发生在低洼地、湖泊和沼泽等，南方春、夏、秋三季和北方夏、秋两季为主要感染季节。

【病原】 片形吸虫隶属于片形科（Fasciolidae Railliet，1895）的片形属（*Fasciola* Linnaeus，1758）。据 Yamaguti（1972）分类记载，该属有 6 个种，其中寄生在家畜和人体的主要是肝片吸虫（*Fasciola hepatica Linnaeus*，1758）和大片吸虫（*Fasciola gigantica* Cobbold，1855）。片形吸虫是一类大型吸虫，成虫形态基本相似，虫体扁平，呈柳叶状。

肝片吸虫的虫卵在显微镜下呈椭圆形，颜色为黄褐色。虫卵大小为（116～132）μm×（66～82）μm，虫卵前段狭窄，可以看到一个不明显的卵盖，后端相对圆润。卵壳透明，较薄，其内可以观察到卵黄细胞。肝片吸虫成虫形态虫体长 20～35mm，宽 5～13mm，体形扁平如叶片状。虫体颜色呈棕红色，固定后呈现灰白色。头锥向前呈圆锥状突出，口吸盘位于头锥前方，口吸盘稍后有腹吸盘；头锥后方变宽，称为肩部，肩部以后逐渐变窄。体表有许多小刺，在口吸盘与腹吸盘之间有生殖孔。肝片吸虫的生殖系统极为发达，雌雄同体。雄性生殖器官包括两个多分支的睾丸，前后纵列于虫体的中后部。雌性生殖器官有一个呈鹿角状分支的卵巢，位于腹吸盘后方右侧；卵膜位于紧靠睾丸前方的虫体中央，在卵膜与腹吸盘之间盘曲的是子宫，其内充满褐色虫卵。

大片吸虫的形态与肝片吸虫基本相似，其区别为虫体较大，长 25～75mm，宽 12mm；肩部不明显；虫体两侧缘比较平行，后端钝圆；虫卵深黄色、较大，有长圆形、卵圆形和椭圆形三种类型，长圆形和椭圆形最为常见。卵大小为 150～190μm×75～90μm，平均 164μm×92μm。

【流行特点】片形吸虫病起源于欧洲，后来随着牲畜的流动几乎传遍全球；是我国分布最广泛、对草食动物危害最严重的寄生虫病之一。本病的流行病学因素包括病原体、中间宿主与终末宿主间的关系，和外界环境与寄生虫及宿主之间的相互关系中的各个方面。

本病的传染源是患病动物和带虫者，它们可以不断地向外界排出大量虫卵，污染环境。绵羊是片形吸虫最重要的终末宿主，也是主要的传染源，每只羊每天能排出 50 万～300 万个虫卵。牛排的虫卵较少，而且牛在感染后 24 周会将体内成虫排出，造成粪中 2～4 个月无虫卵。实验证明，每一个毛蚴进入螺体以后，可以发育为

100～500 个甚至上千个尾蚴。因此，在畜群中即使有少数片形吸虫病的患畜，也具有严重的危险性。

青藏高原地区牦牛肝片吸虫病呈地区性、季节性流行，每年 8～11 月份较多发，多发生在低洼和沼泽地带的放牧畜群内，与中间宿主椎实螺、小土蜗繁殖季节相关。夏、秋季多暴雨，由于新鲜水刺激作用，能诱导尾蚴大量逸出，并随着雨后水涨广泛地在草叶上形成囊蚴。在多雨的年份，往往非水洼和沼泽地区的家畜也可大批被感染，特别是长时期把家畜留在潮湿的同一地段放牧时，容易出现肝片吸虫的高度感染。被感染的家畜在同一地段上放牧，并通过粪便排出虫卵，越来越严重地污染牧地，经过若干时间，便可以造成再侵袭。

【临床特征】 本病的临床症状因感染的吸虫数量、牛的体质、年龄以及饲养管理条件的不同而有一定的不同。一般感染数量不多时，病牛往往不表现出症状。感染数量多时则会有明显的临床症状，一般牛感染 250 条成虫、羊感染 50 条成虫时就会出现明显的临床症状。当然，对于犊牛而言，往往感染少量虫体也会有明显的临床症状。

牛多呈慢性经过，1.5～2 岁犊牛感染症状明显，而成年牛一般不明显。如果寄生数量多，而牛的营养状况差时也能引起死亡。由于该寄生虫寄生于动物的肝脏及胆管处，患病牛因出现急性或慢性肝炎、胆囊炎，消化系统紊乱或营养障碍，而逐渐消瘦，被毛粗乱而没有光泽，易脱落。食欲减退，反刍异常，继而出现周期性的瘤胃臌胀和前胃弛缓，腹泻，体力下降，黏膜苍白。到后期出现下颌、胸下水肿，触诊有波动感或者捏面团的感觉，但无热痛的现象。母畜不孕或流产，公畜生殖力下降，如此时不予治疗，最后病牛因极度衰弱而死亡。

【病理剖检】片形吸虫的致病作用和病理变化常依其发育阶段而有不同的表现，并且和感染的数量有关。当一次感染大量囊蚴时，在其初进入畜体阶段，幼虫穿过小肠壁并再由腹腔进入肝实质，引起肠壁和肝组织的损伤。肝肿大，肝包膜上有纤维素沉积，出血，有数毫米长的暗红色虫道，虫道内有凝固的血液和很小的幼虫。该病可引起急性肝炎和内出血，腹腔中有带血色的液体，有腹膜炎变化，是患本病时的急性死亡的原因。虫体进入胆管后，由于虫体长期的机械性刺激和毒素的作用，引起慢性胆管炎、慢性肝炎和贫血现象。受损的胆管有的因高度增厚和扩张，呈灰色或白色索状或囊状膨大分布在肝实质中，内含污秽的胆汁和吸虫。早期肝脏肿大，触摸变硬、颜色变为暗灰色，以后萎缩硬化，小叶间结缔组织增生。寄生虫体多时，引起胆管扩张、增厚、变粗甚至堵塞；胆汁停滞而引起黄疸。胆管像绳索样凸出于肝脏表面，胆管内壁有盐类（磷酸钙和磷酸镁）沉积，使内膜粗糙，多见于牛，刀切时有沙沙声。胆管内有虫体和污浊稠厚的液体，但也有胆管病变严重却找不到虫体的。病畜出现贫血和水肿等现象；再加上虫体本身不断地以宿主的血液和细胞为其营养，引起家畜营养扰乱和体质消瘦，这即是慢性片形吸虫病。

【诊断要点】结合临床症状、粪便检查及剖检等几方面综合判断基本可确诊本病。片形吸虫病的诊断，应根据临床症状、流行病学材料，粪便检查及剖检等几方面综合判断。如牲畜在正常的饲养管理下，长期消瘦，贫血，反复呈现消化不良，治疗效果不明显，或在春、夏放牧之后，出现消瘦和消化不良等症状，即应考虑是否有寄生虫病。通过粪便检查，找出虫卵，进行确诊。但有些严重感染的病畜，感染后不久即出现明显的临床症状，而粪便检查并不能发现虫卵，这是由于感染的虫体尚未发育为成虫。此时，必须结合病理剖检，在肝或其它的器官内找出幼虫，进行确诊。

【防治要点】

（1）预防措施　①定期驱虫。制定合理的驱虫时间、驱虫次数和具体用药情况。②粪便的无害化处理。每天按时清理牛羊圈内的粪便，堆积封存一段时间，靠粪便发酵、产热杀死其内的虫卵。③消灭中间宿主。肝片吸虫的中间宿主为椎实螺科的淡水螺，我国主要有小土蜗、截口土蜗、椭圆萝卜螺、耳萝卜螺和折叠萝卜螺等，西藏的耳萝卜螺是肝片吸虫的重要宿主。④改变放牧环境。为防止牛羊感染囊蚴，应尽量避开低洼、潮湿和多囊蚴的地方放牧，在有条件的牧区实行划区轮牧，一般间隔 3 月轮牧一次，降低牛羊感染囊蚴的概率。

（2）治疗措施　①防治肝片吸虫最理想的药物是硝氯酚，用量 0.5～1mg/kg。皮下、肌内注射：牛 0.6～1mg/kg。②碘醚柳胺：牛 7～12mg/kg 体重，内服。③氯氰碘柳胺钠：内服，牛 5mg/kg 体重。皮下注射，一次量，牛 2.5mg/kg。④硝碘酚腈：皮下注射，一次量，牛 10mg/kg 体重。对重症病牛应设单槽专人饲养，多给温盐水，少给含脂肪饲料。

第二节　东毕吸虫病

东毕吸虫病（Orientobilharziasis）是由分体科（Schistosomatidae）东毕属（*Orientobilharzia*）的几种吸虫寄生于哺乳动物的肝门静脉和肠系膜静脉内引起的一种疾病，成虫、虫卵、尾蚴以及幼虫都可以对宿主造成一系列的损害，严重时引起牦牛的大批死亡，严重威胁畜牧业的健康发展。常见虫种是土耳其斯坦东毕吸虫（*O. turkestanicum*）。据报道，此病在我国的分布相当广泛，多呈地方性流行，宿主动物有绵羊、山羊、黄牛、水牛、骆驼和马属动物及一些野生的哺乳动物，主要危害牛和羊。

【病原】我国以土耳其斯坦东毕吸虫分布最广，土耳其斯坦东毕吸虫为雌雄异体，通常为雌雄合抱，雌虫寄居于雄虫的抱雌沟内。虫体呈线形，雄虫乳白色，雌虫暗褐色，在光镜下体表光滑无结节，但在电镜下体表则有结节和小棘。雄虫大小为（4.0～5.6）mm×(0.2～0.5)mm。虫体前端略扁平，后部体壁向腹面卷曲形成“抱雌沟”。口吸盘和腹吸盘均不甚发达，二者相距较近。活体观察时，腹吸盘具有伸出腹面体表的能力。无咽。食道在腹吸盘前方分为两条肠管向后延伸，到虫体后部再合并为一条单肠管，到达体末端，单肠管的长度为双管部分的两倍多。睾丸为68～80个，呈圆形或椭圆形小颗粒状，位于腹吸盘的后下方，呈不规则的双行排列，只有个别的按单行排列。生殖孔开口于腹吸盘后方；雌虫大小为（3.7～6.4）mm×(0.03～0.04)mm，较雄虫纤细，略长。卵巢呈螺旋状扭曲，位于两条肠管合并处之前后。卵黄腺位于自卵巢后方开始的肠单支两侧，并一直到肠管末端。子宫短，在卵巢前方，子宫内通常只含有一个虫卵。虫卵长椭圆形，无卵盖，大小为（72～77）μm×(16～26)μm，两端各有一个附属物，一端较尖，另一端钝圆。

雌雄成虫合抱寄生于牛、羊等哺乳动物的肠系膜静脉内产卵。

虫卵随血液循环到肠壁或肝脏内形成结节。胚细胞在卵壳内发育形成毛蚴，毛蚴分泌溶细胞物质并透过卵壳破坏血管壁和肠壁，从而使虫卵进入肠道，随粪便排出体外。进入肝脏内的虫卵，则形成结节逐渐钙化。虫卵在适宜条件下孵出毛蚴，毛蚴在水中遇到椎实螺科的淡水螺即钻入其体内，经过母胞蚴、子胞蚴发育为尾蚴。尾蚴从螺体逸出后，通过皮肤进入动物体内，发育为童虫，移行经肺进入肠系膜静脉和肝门静脉，发育为成虫。毛蚴侵入螺体发育至尾蚴形成约需 1 个月；从尾蚴侵入牛、羊发育至成虫需 1.5～2 个月。中间宿主为椎实螺科的淡水螺。

【流行特点】东毕吸虫的宿主范围和流行区域均很广，法国、匈牙利、俄罗斯、伊朗、巴基斯坦等很多国家都有流行，我国自徐锡藩于 1938 年在北京绵羊体内发现土耳其斯坦东毕吸虫以来，陆续有黑龙江、吉林、内蒙古、山西、甘肃、云南等 20 多个省区市发现有此病流行。

东毕吸虫的感染季节与中间宿主椎实螺的活动周期一致，有一定的季节性和地区性，水温对东毕吸虫的生活史影响最大。在西藏尼木县、当雄县等海拔 4000m 左右的草甸沼泽和水塘，东毕吸虫中间宿主椎实螺在 5 月初开始活动，6～9 月为活跃期，同期也是东毕吸虫的主要感染时期，8～9 月为感染高峰期。经调查，温泉水域处的椎实螺可以全年活动，活动在尼木县续迈乡温泉内的螺蛳可于 4 月至次年 1 月在内检测到东毕吸虫尾蚴，螺蛳可以连续感染毛蚴，其中 10 月至次年 1 月为感染高峰期，该时间段家畜集中进入冬季牧场，集中在疫源地附近放牧，从而致使家畜感染东毕吸虫群体数量剧增。

【临床特征】东毕吸虫病对牦牛的感染多呈慢性过程。病牛一般表现为贫血、消瘦、腹泻、发育不良和体质差等。严重的病牛极度贫血、黄疸、腹下和下颌部水肿，体瘦毛焦，母牛常常不孕和流产导致繁殖性能降低，如果饲养管理条件差，会造成死亡。感染大量尾蚴时会引起急性发作，体温达到41℃以上，精神沉郁，食欲减退或废绝，呼吸急促，腹泻，直至死亡。另外，尾蚴也能钻入人的皮肤引起皮炎，称尾蚴性皮炎或稻田皮炎。患者感觉皮肤刺痒，出现点状红斑或丘疹，一般在2～3d达到高峰，1周后逐渐消退。

【病理剖检】东毕吸虫能在宿主体内造成严重的炎症反应，病变以小肠和肝脏最为明显。牛感染初期，虫卵沉积于牛的肝脏和肠壁，前期引起牛的肝脏肿大，后期萎缩、硬化，肠壁增厚出现细胞浸润和坏死；幼虫和成虫在牛体内移行，会使经过的器官出现机械性损伤，导致局部细胞浸润和点状出血，引起炎症反应。

【诊断要点】在流行区，根据临床症状和流行病学资料分析，并在粪便检查中检出虫卵或毛蚴时即可作出诊断。

循序沉淀法：因东毕吸虫排卵较少，在粪检时应采集较多的粪便，同时在炎热的夏天，应采取生理盐水替代常水进行水洗沉淀，防止毛蚴过早逸出，影响效果，检出虫卵即可确诊。

毛蚴孵化法：取新鲜粪便50～100g，反复洗涤沉淀或尼龙筛兜内清洗后，将粪便沉渣倒入三角烧瓶内，加清水（自来水须去氯）至瓶口，在20～30℃的条件下，经3～5h后用肉眼或放大镜观察，如在离瓶口2～3cm处有白色点状物作直线来往游动，即是毛蚴。必要时也可以用吸管将毛蚴吸出镜检。

尸体剖检时在肠系膜静脉内或肝门静脉内发现大量虫体即可确诊。

免疫学方法可采取间接血凝试验、ELISA、斑点免疫金法等免疫学方法进行诊断。

【防治要点】在控制本病的发生和流行上，必须采取综合性防治措施。①加强饲养卫生管理：严禁牦牛接触和饮用“疫水”，特别是在流行区内不得饮用池塘、水田、沟渠、沼泽、湖水，最好饮用井水或自来水。②定期驱虫：在流行区，根据当地地理和气候特征、东毕吸虫流行规律，结合当地开展的“春防”和“秋防”工作，在3月和10月对家畜进行驱虫，选用吡喹酮给牛羊驱虫。③杀灭中间宿主：根据椎实螺的生态学特点，因地制宜，结合农牧业生产，采取有效措施，改变淡水螺的生存环境条件，进行灭螺。④加强粪便管理：平时将粪便堆积发酵，杀灭虫卵，减少虫卵对环境的污染。⑤控制传染源：及时隔离病牛，积极采取治疗措施，防止该病的蔓延，切实切断传染源。治疗方面，目前常用的药物为吡喹酮，牦牛按每千克体重25～35mg，1次口服。严重感染者可适当降低药量，间隔3～5d再用药一次，以防大量死亡虫体被机体吸收引起中毒。

第三节　细粒棘球蚴病

牦牛细粒棘球蚴病是由细粒棘球绦虫的幼虫寄生在牦牛肝脏、肺脏及其他器官中引起周围组织贫血和继发感染的疾病，此病为人畜共患寄生虫病，危害严重。目前在中国境内主要分布的棘球绦虫是细粒棘球绦虫和多房棘球绦虫，前者幼虫引起细粒棘球蚴病（Cystic echinococcosis，CE），又称囊型包虫病；后者幼虫引起多房棘球蚴病（Alveolar echinococcosis，AE），又称泡型包虫病。

【病原】 棘球蚴是棘球绦虫的中绦期幼虫，细粒棘球蚴主要寄生于牛、羊、猪等家畜、而多房棘球蚴主要寄生于啮齿类动物，人体内脏器官也会感染棘球蚴，棘球蚴病是一种严重危害畜牧业生产和人体健康的人畜共患慢性寄生虫病，被联合国粮农组织列为全球第二类严重的食源性寄生虫疾病。世界公认的棘球属绦虫有细粒棘球绦虫、多房棘球绦虫、石渠棘球绦虫、少节棘球绦虫和福氏棘球绦虫5种，我国存在前三种。

（1）成虫　细粒棘球绦虫寄生于犬、狼、狐等犬科肉食动物的小肠内，眼观乳白色，成虫虫体非常小，一般2～11mm，多数在5mm以下，雌雄同体。显微镜下观察，虫体由4～6个节片组成，最前端为头节，其后为颈节，后接链体，根据生殖器官发育程度链体又分为幼节、成节和孕节。头颈部呈梨形，有顶突和4个吸盘，顶突上有大小相间的呈放射状排列的两圈小钩共28～48个，顶突下部为吸盘。吸盘圆形或椭圆形，平均直径0.014mm。幼节仅见生殖基。成节内有雌雄生殖器官各一套，雄茎囊呈梨形，卵巢呈蹄铁形，生殖孔开口于节片一侧的中部或偏后，睾丸45～65个，分布于生殖孔水平线的前后方。虫体中只有末端节片为孕节，孕节长度占虫体全长的1/2，几乎被充满虫卵的子宫所占据，子宫向两侧伸出不规则囊状的分支，子宫有侧囊是细粒棘球绦虫的特征，子宫内含虫卵200～800个。

（2）幼虫　即棘球蚴，也称为续绦期。细粒棘球蚴寄生于牛、羊、猪、马、骆驼及人的肝脏、肺脏及其他组织器官，其中以肝脏最常见，其次为肺脏，其他内脏较为少见。寄生于内脏器官中的细粒棘球蚴多为眼观圆形或不规则的囊状体，但由于寄生时间、部位和宿主的不同会使细粒棘球蚴包囊的大小和形状有较大差异。细粒棘球蚴包囊由囊内容物和囊壁构成，囊壁外为宿主组织形成的纤维包膜。囊内容物呈淡黄色液体状，由生发囊、原头蚴、子囊、孙囊和囊液组成；囊液有很强的抗原性，但由于宿主和寄生部位的不同，也会使囊液的抗原性存在很大差异。囊壁由外层的角质层和内层的胚层构成，角质层由胚层分泌而成，呈乳白色、粉皮状，厚1～4mm，脆弱易碎裂，而且无细胞结构。

【流行特点】

（1）传染源　感染的犬、狼和狐是囊型包虫病的主要传染源，而感染的犬、狐、狼和猫是多房棘球蚴病的传染源。

（2）自然疫源性　我国棘球蚴病流行的特点是由西向东有明显减弱趋势，西藏大部分地区属高寒草甸，干旱少雨；有些地区是高寒山区，气候寒冷。这些地区以农牧业作为主要生产生活类型，各种动物资源十分丰富，且相互之间构成较为固定的捕食与被捕食食物链，构成了棘球蚴病在动物间、人和动物间传播和流行的有利条件。如终末宿主犬、狼等和家畜之间形成稳定的细粒棘球绦虫发育循环，造成人之间囊型包虫病流行；犬、狐等终末宿主和数量巨大、种类繁多的野生小型哺乳动物之间相互传播的稳定性，导致人间泡型包虫病流行。

（3）犬科和猫科动物是棘球绦虫的终末宿主　棘球绦虫寄生于它们的小肠，虫卵随犬粪便排出，污染水源、土壤、草场、畜舍和食物，人、畜及小型哺乳动物食入虫卵而被感染。特别在青藏高原地区，家犬已成为农牧民重要的生产资料，数量庞大；此外，流行区存在大量野犬或无主犬，这些犬是棘球蚴病最为重要的传染源。

【临床特征】本病的临床表现取决于囊肿的大小、部位、发育阶段、是否失去活性及有无并发症等。

肝囊型包虫病：无并发症的肝棘球蚴囊肿通常处于临床潜伏期而无症状。如虫囊破裂则引起严重后果。因挤压或因外伤引起包虫囊破裂，大量囊液进入腹腔或胸腔可造成过敏性休克，并使囊液中头节播散移植至腹腔或胸腔内产生多发性继发包虫囊肿。棘球蚴在牦牛寄生部位主要是肝脏，其次是肝脏、肺脏混合感染。羊棘球蚴感染部位同样以肝脏为主，肝脏肺脏混合感染情况最少。有趣的是牦牛肝脏、肺脏混合感染最常见，肝脏、肺脏单独感染的数量相近。

肺囊型包虫病：肺包虫囊肿多见于右肺，通常为单个，多发者少见。早期肺包虫囊较小，无可见症状。肺包虫囊逐渐长大就会出现如下一系列症状：胸痛、咳嗽、痰血等。可压迫周围肺组织，引起肺萎陷和纤维化。由于肺包虫囊肿的纤维外膜较薄，容易破裂，穿破时患畜突然发生阵发性呛咳，呼吸困难。

脑囊型包虫病：脑包虫囊肿多见于羊，羊脑包虫病的主要表现为食欲下降，反应迟钝，长时间沉郁不动，遇障碍物时奋力前冲或抵物不动，其眼内瞳孔上附有一层白膜，两眼视力模糊。寄生部位不同，引起的症状也不同：若虫体寄生在脑的额叶则患羊头部抵于胸前，向前做直线运动，行走时高抬前肢或向前方猛冲，遇到障碍物时倒地或静立不动；若虫体寄生于脑部的某侧则患羊将头抵患侧，并向患侧作圆圈运动，对侧的眼常失明；虫体寄生在小脑则患羊易惊恐，行走时出现急促或蹒跚步态，严重时衰竭卧地，视觉障碍、磨牙、流涎、痉挛，后期高度消瘦。若虫体寄生在脑表面则有转圈、共济失调等神经性症状，触诊时容易发现，压迫患部有疼痛感或颅骨萎缩甚至穿孔；若位于脑后部则患羊表现角弓反张，行走后退，卧地不起，全身痉挛，四肢呈游泳状。

【病理剖检】剖检患细粒棘球蚴病的动物时，肝与肺上均有大小不等的灰白色、半透明的包囊组织。寄生于肝脏可见肝肿大，呈暗紫红色，因虫体大小不同，肝部受到虫体形成的包囊压迫不同，严重的甚至导致肝实质全部消失；寄生于肺时，肺明显肿大，周边有肉样实变。包囊直径最大可达10cm左右，小的仅有米粒大。包囊切开后，囊液略带黄色、透明，包囊组织与肝、肺交界处可见白色包囊壁，抽取囊液，在光学显微镜下检查其沉淀物，其内存在原头节。偶尔也见脾脏中有寄生。

【诊断要点】病原学诊断方法：病原学诊断方法可以直观地观察到病原体，是确诊细粒棘球绦虫或细粒棘球蚴的经典方法。牛、羊、猪等中间宿主被屠宰后，可在肝脏、肺脏等组织器官上看到明显的包囊病变，将包囊液中的沉降物放于显微镜下观察，可见细粒棘球蚴的原头蚴。家犬等终末宿-常用槟榔碱泻下法检查，对感染犬投喂两次后，检出率达到78%。

影像学诊断方法：影像学诊断方法包括超声波诊断、X线成像、CT成像及核磁共振成像（MRI）等，具有简便、直观、可操作性强等优点，是人群筛选和临床诊断的首选方法。

免疫学诊断方法：免疫学诊断方法中最常用的是血清学检测方法，包括凝集试验（Co-A）、间接血凝试验（IHA）、乳胶凝集试验（LAT）、酶联免疫吸附试验（ELISA）等，其中ELISA方法具有灵敏性高、特异性强、操作简便等优点，常作为细粒棘球蚴病流行病学调查研究的重要方法。

分子生物学诊断方法：分子生物学诊断法是从基因水平上对棘球蚴病进行诊断，能精确到具体基因型，是当前棘球蚴研究领域中的常用方法，包括基因芯片技术、聚合酶链式反应（PCR）及环介导等温核酸扩增技术（LAMP）等。其中 PCR 技术运用最为广泛。

【防治要点】

1. 预防措施

①加强防控教育工作，提高群众防控能力；②加强犬的管理，对牧犬和宠物犬实施挂牌登记注册纳入管理，严格控制流浪犬；③屠宰场的管理，协同有关部门加强牲畜屠宰的检疫；④家庭和个体屠宰的管理，在不能进行集中屠宰的区域，告知屠宰加工户不能用未经处理的病变脏器喂犬，病变脏器煮沸 40min 后方可喂犬，或对病变脏器焚烧或深埋；⑤定期进行驱虫工作，严格执行“犬犬投药、月月驱虫”的控制模式，要定期每个月一次投药（吡喹酮 5mg/kg 体重），并对粪便进行深埋处理。

2. 治疗措施

棘球蚴病治疗的最佳方案为外科手术，手术过程中把虫囊取出，防止囊液渗出导致过敏性休克或继发性腹腔感染。

第四节 前后盘吸虫病

牦牛前后盘吸虫病是由前后盘科前后盘属、腹袋属等多种前后盘吸虫寄生于牦牛瘤胃所引起的一种吸虫病，幼虫移行造成的危害较严重，该病感染已普遍发生。

【病原】牛羊前后盘吸虫病主要是多种寄生虫感染所导致的疾病，前后盘吸虫的类型非常多，且各个虫体在形态、构造、大小、色泽方面都存在差异性，鹿前后盘吸虫（*Paramphistomum cervi*）是最为常见的类型。

前后盘吸虫成虫主要寄生在反刍动物前胃，即瘤胃与网胃的连接位置，部分情况下也存在于胆管。成虫主要表现为圆锥状，背面呈现为稍微弓起的状态，腹部存在一定的凹陷，颜色为粉红色，雌雄同体，长 0.5～1.2cm，宽 0.2～0.4cm，口吸盘主要在虫体前端位置，腹吸盘主要在虫体后端位置，且腹吸盘要大于口吸盘。没有咽，肠支非常长，能够伸过腹吸盘边缘。虫体具有 2 个横椭圆形的睾丸，在虫体中后部呈前后排列，位于虫体亚末端，好似虫体两端有沟口，故又名双口吸虫或者同盘吸虫，其虫卵呈淡灰色的椭圆形，大小为（125～132）μm×（70～80）μm，卵黄细胞没有将整个虫卵充满。

【流行特点】

（1）分布　呈世界性分布，在我国流行广泛，感染率较高，感染强度大，而大多为混合感染。

（2）终末宿主　反刍动物瘤胃。

（3）传染源　宿主因吞食了含有前后盘吸虫囊蚴的水草而感染，成虫大多寄生于家畜的瘤胃，感染强度大。

（4）感染途径　成虫寄生于反刍动物的瘤胃，虫卵随粪便排至外界，虫卵在适宜的条件下经 2 周左右孵出毛蚴。毛蚴在水中浮动，遇到适宜的中间宿主淡水螺类后继续发育。

（5）中间宿主　前后盘吸虫的中间宿主为锥实螺科的淡水螺。淡水螺主要在湖滨、河沟中栖息。它们为水禽提供了饵料，同时也为前后盘吸虫病的传播提供了条件。

（6）流行季节　前后盘吸虫病主要发生于多雨的夏秋两季，特别是长期在湖滩地放牧采食水淹没过的青草的壮龄牛羊较易感。其流行季节主要取决于当地气温和中间宿主的繁殖发育情况及牛羊的放牧情况。南方常年易感染，北方则主要在5～10月份感染。潮湿多雨季节易造成本病的流行。

(7) 西藏流行特点　青藏高原地区牦牛前后盘吸虫呈地区性、季节性流行，潮湿多雨季节较多发，与中间宿主淡水螺繁殖季节相关。

【临床特征】前后盘吸虫的成虫具有较弱的致病力，但当大量幼虫寄生和移行时会促使病牛表现出严重症状。成年肉牛感染该病的初期阶段，病牛往往精神萎靡不振，几天之后出现腹泻症状，短期内体重快速下降。病牛的眼结膜、口腔黏膜等处会出现贫血表现，局部位置可见出血点，颌下水肿，严重时水肿可发展到整个头部以至全身。鼻部会出现大小不同浅表性溃疡，主要分布于鼻镜及鼻翼部位。部分病牛发病1周左右体温会异常升高，最高可达40.5℃。症状严重的病牛会出现严重腹泻，有时排出混杂血液的粪便，眼睛凹陷，目光呆滞，肋部塌陷。犊牛感染前后盘吸虫病后，存在前胃弛缓现象，且伴有疝痛，反复做躺卧于地后再站起动作，时而呻吟或磨牙。部分犊牛体内有前后盘吸虫童虫寄生后发病较急，通常仅5d左右便会死亡，最长不超过1个月；部分能够痊愈，症状完全消失，但一般较难恢复至良好体况。犊牛感染呈慢性发病，可视黏膜颜色会逐渐转为苍白，并且颌下部及胸垂部均有明显水肿，然而患病后通常不会出现体温异常升高现象。

【病理剖检】剖检病死牛，发现尸体明显消瘦，黏膜苍白，腹腔内存在淡红色液体，有时可见液体中存在前后盘吸虫的童虫，且不断游动。真胃幽门部黏膜存在出血点，并附着黏液和寄生有童虫。黏膜通常存在明显的浸润。十二指肠以及小肠其他部分的黏膜发生卡他性出血性炎，且炎性浸出物中存在童虫，同时在黏膜下层也能够发现童虫。胆汁稀薄，呈淡黄色，常常存在童虫。肝脏形成瘀血，脾脏质地坚实且干燥，脾髓不明显。心脏有所扩张，心肌变得松软，有时心内膜存在出血点。

【诊断要点】急性病例的诊断主要根据病牛症状进行，部分病例能够在下痢粪便中检出前后盘吸虫的幼虫。进行剖检后，能够在前胃检出前后盘吸虫，抑或在十二指肠位置检出幼虫。通过粪便检出虫卵，表示牛的前后盘吸虫病已经进入慢性阶段。进行镜检的时候需要注意与肝片吸虫卵进行区分。

【防治要点】

1. 预防措施

①投喂预防药、定期驱虫；②加强灭螺、消除中间宿主；③集中杀虫、科学处理粪便；④保持饮水及饲草卫生、强化饲养管理。

2. 治疗措施

牦牛前后盘吸虫病治疗时，主要以硫双二氯酚药物为主，应按病牛体重大小适量用药。按牦牛每千克体重给药40～60mg的剂量用药。通常大牛与中牛的给药量分别为20g、14g，而小牛与犊牛药量应酌情降低，一般分别给药10g、5g即可。病牛症状较为严重的情况下，应于用药后10d左右再实施1次驱虫。除此之外，还可利用氯硝柳胺治疗病牛。按照牦牛每千克体重给药60～70mg的剂量应用氯硝柳胺片剂。

第五节　莫尼茨绦虫病

莫尼茨绦虫属于裸头科的莫尼茨属（*Moniezia*），分为扩展莫尼茨绦虫和贝氏莫尼茨绦虫两种，主要寄生在反刍动物的小肠内。该病在我国广泛分布，往往呈地方性流行，严重危害犊牦牛。主要症状是精神萎靡，食欲不振，贫血，机体消瘦，交替发生便秘和腹泻，严重感染时导致大批牦牛死亡。不同于羊、黄牛等其他反刍动物，莫尼茨绦虫对成年牦牛的致病性很弱，成年牦牛感染后几乎没有临床症状。

【病原】莫尼茨绦虫为大型虫体，全长可达6m，头节呈球形，有四个显著的吸盘，头节上无顶突及钩。其体节由成千上万个结构相似的节片构成，根据雌雄生殖系统发育程度，从前到后分为未成熟体节（幼节）、成熟体节（成节）和孕卵体节（孕节）。成熟体节宽度大于长度，每个成熟体节内有两组生殖器官，各向一侧开口。孕卵体节的长宽几乎相等而呈方形。莫尼茨绦虫的虫卵为三角形、方形或圆形，直径50～60μm，卵内有一个含有六钩蚴的梨形器。

莫尼茨绦虫分为扩展莫尼茨绦虫和贝氏莫尼茨绦虫两种，二者外表形态极为相似，形态学观察不易鉴别，但其生殖器官（卵巢、生殖腔、受精囊和节间腺）的形态特征均存在较明显差异。

扩展莫尼茨绦虫孕卵节片中，两个子宫汇合呈网状。每个成熟节片的后缘附近，均有8～15个呈泡状的节间腺，体长1～6m，最宽处16mm，虫体呈乳白色。头节近似球形，上有4个突出的略呈椭圆形的吸盘，无顶突和小钩。节片短而宽，每个成熟节片内有两组雌、雄性生殖器官，在节片两侧对称分布，生殖孔开口于节片两侧。扇形分叶的卵巢和致密的卵黄腺呈圆环状围绕着卵膜，分别位于排泄管内侧。睾丸数百个，散布于两侧的排泄管之间。雄茎囊与阴道并列，共同开口于两侧边缘的生殖腔内。成节向后的每个节片后缘，两个排泄管之间都有一排节间腺。虫卵呈近三角形或近圆形，直径为50～60μm，卵内有一个含有六钩蚴的梨形器，这是裸头科绦虫卵的特征。

贝氏莫尼茨绦虫长1～4m，最宽处可达26mm，其虫体比扩展莫尼茨绦虫更宽，头节也比前者的大且呈方形。节片的构造与前者相似，但节间腺由微细点聚集而呈横带状，位于节片的后缘中央，其分布范围仅有扩展莫尼茨绦虫1/3。虫卵多呈方形。

【流行特点】莫尼茨绦虫呈全球性分布，在我国西北、内蒙古和东北的牧区流行广泛，其他地区的农牧区也经常发生。农区虽不如牧区严重，但也有局部流行。地螨是莫尼茨绦虫的中间宿主，因此莫尼茨绦虫发病季节同地螨数量及地螨活动季节紧密相关。地螨生命周期长，习惯生活于潮湿环境，惧怕强光，在早晚和阴雨天经常爬在草叶上，白天和日晒时躲在深的草皮下或腐殖土下，黄昏或黎明爬出来活动，寻找食物，在阴雨天和早晚放牧牛羊易吃到地螨，提高了犊牛感染该病的可能性。

各地的主要感染期有所不同，在我国南方，当年生的羔羊、犊牛的感染高峰一般在4～6月份。在北方，其感染高峰一般在5～9月份。六钩蚴在地螨体内发育为成熟似囊尾蚴所需的时间在温度20℃、相对湿度100%时为47～109d。成螨在牧地上可存活14～19个月，因此，被污染的牧地可保持感染力达近两年之久。由于地螨的耐寒性强，可以越冬，地螨体内的似囊尾蚴可以随地螨越冬。因此，动物在初春放牧一开始，即可遭受感染。

【临床特征】本病主要侵害45日龄～8月龄的犊牛，成年牛一般为带虫者，症状不明显。犊牛感染后，表现出精神不振，食欲减退，渴欲增加，发育不良，贫血，腹部疼痛和臌气，还发生下痢。有时便秘，粪便中混有绦虫的孕卵节片。有时虫体聚集成团，病牛因发生肠阻塞而死。有的出现神经症状，如痉挛、肌肉抽搐和旋转运动。病牛末期卧地不起，头向后仰，经常作咀嚼动作，故常见口角周围有许多白沫，精神极度委顿，反应迟钝甚至消失，终至死亡。

【病理剖检】剖检可见尸体消瘦，黏膜苍白，贫血，肌肉色淡，肠系膜淋巴结肿大。胸、腹腔及心包腔渗出液增多。肠有时可发生阻塞或扭转，肠黏膜出血，肠内可发现大量莫尼茨绦虫的虫体。

【诊断要点】根据临床症状并结合流行病学资料，如动物年龄、发病时间、饲养方式及既往病史等做出初步诊断，但要发现病原才能确诊。

（1）生前诊断　严重感染时在患羊清晨排出的新鲜粪球表面有黄白色、圆柱状、能蠕动的孕卵节片，形似煮熟的米粒，长约1cm，厚达2～3mm。有时节片呈链状垂吊于肛门处，只要稍加注意即可发现。若未发现孕卵节片，可应用饱和食盐水漂浮法检查粪便中的虫卵。若未发现节片和虫卵，应考虑绦虫可能未发育成熟，可采用药物进行诊断性驱虫。

（2）死后诊断　根据剖检病变和在小肠中检出虫体可做出诊断。

【防治要点】

（1）预防措施　①预防性驱虫，应在早春和秋末舍饲期进行两次驱虫，早春出牧前驱虫防止病原污染牧场，秋末收牧后驱虫以保护家畜安全过冬；②加强饲养管理，避免在低洼潮湿地带放牧，也不要在清晨、黄昏和阴雨天放牧；幼畜与成年家畜分开放牧，可放养在两年内没有放养过牛羊的牧地，以减少感染的机会；③实行轮牧制，牧区草场可有计划地与单蹄动物进行轮牧，地螨的寿命最长者为两年，可两年以上轮牧一次，待感染有似囊尾蚴的地螨死亡后再轮换。

（2）治疗　①阿苯达唑：牛每千克体重 10～20mg，1 次口服；②吡喹酮：牛按每千克体重 25～30mg，口服，每天 1 次，连用 2d；③甲苯咪唑：牛按每千克体重 10mg，1 次口服；④氯硝柳胺：牛按每千克体重 60～70mg，1 次口服。

第六节　肺线虫病

肺线虫病又叫网尾线虫病，是由丝状网尾线虫（*D. filaria*）和胎生网尾线虫（*D. viviparus*）引起的一种寄生性线虫病。主要寄生于动物的呼吸道，导致家畜一系列呼吸道症状。我国的反刍动物肺线虫分布较广，危害较大，造成家畜发育障碍，畜产品质量降低，严重者可引起家畜死亡。

【病原】肺线虫分为丝状网尾线虫和胎生网尾线虫 2 种。丝状网尾线虫寄生于牛气管及支气管。虫体乳白色，为丝状大型线虫。口无唇而围绕有角皮环。环周围有两圈乳突，较大的 4 个排于外圈，背面和腹面各有 2 个；较小的 6 个排于内圈，背面、腹面和侧面各有 2 个。在外圈的两侧各有 1 个头感器。口孔通入小口囊。口囊底部一侧有 1 个突出的小齿。雄虫体长 38.5～74mm，最大宽度 0.266～0.398mm。交合伞发达，分叶不明显。腹腹肋和侧腹肋起于共同的主干，其基部相连，在近端 1/3 处分为一长和一短的 2 支。前侧肋为一单独的支干，中侧肋和后侧肋除了末端有些分离外，整个两肋都联合在一起。外背肋为单独的支干，背肋 2 支，每支的远端各分为3个小突起。交合刺1对，等长，黄褐色，为多孔性结构，短粗呈靴状。雌虫体长80～100mm，最大宽度0.498～0.664mm。阴门位于虫体中部，其两侧有厚大的角皮唇片。虫卵呈椭圆形，灰白色，内含第一期幼虫，大小为（49～99）μm×（32～49）μm。

胎生网尾线虫虫体丝状，淡黄色，头端结构与丝状网尾线虫相似。具有小和不明显的口囊，口孔开于顶端，通入后端膨大的食道。雄虫体长24～43mm，腹腹肋和侧腹肋由共同的基部发出，两肋平行并列，远端略向腹面弯曲。前侧肋为单独的支干，中侧肋和后侧肋完全愈合为一，未留任何痕迹。外背肋较短，单独形成一支干，背肋分为左右2支，每支的远端有3个突起。交合刺1对，等长，黄褐色，多孔性结构。雌虫体长32～70mm，阴门位于虫体中部，开口处有稍隆起的唇。卵椭圆形，长径0.059～0.081mm，幅径0.033～0.051mm，内含幼虫。多寄生于低洼潮湿牧场放牧的犊牛。

【流行特点】网尾线虫不需要中间宿主，雌虫在牦牛气管或支气管产出含有幼虫的卵，随着痰液被吞咽，进入消化道，通过消化道时孵出幼虫，幼虫随宿主的粪便排到体外，在适宜条件下，经2次蜕皮（约为7天）后变为感染性幼虫。感染性幼虫被牦牛误食后进入宿主肠内，钻入肠壁，沿淋巴管进入淋巴结，在淋巴结内生长发育一个阶段，而后沿淋巴管和血管到心脏，再到肺，滞留在肺毛细血管内，最后突破血管壁，进入细支气管、支气管寄生。经1个月发育为成虫。

胎生网尾线虫排到外界环境中的幼虫在适宜的温度（25℃）下达到侵袭期的时间为3昼夜。当温度降低时，其发育的时间则相应地延长，可达到11昼夜以上。若温度降低到10℃或增高到30℃以上，幼虫便不能发育到侵袭期。当幼虫进入消化道后，便钻入小肠黏膜并侵入淋巴系统，在那里完成2次蜕皮，然后经胸导管进入大静脉到达右心房，然后从右心室经肺动脉而到肺部（大约在被吞食后的第3天），幼虫可以从肺部的毛细血管钻出，进入肺泡、支气管、气管，在那里达到性成熟（4～6星期）。在牦牛体内胎生网尾线虫，9月到翌年4月（或2月）寄生阶段幼虫占绝对优势，而5～8月（或3～8月）成虫占绝对优势。

【临床特征】最初出现的症状为咳嗽，初为干咳，后变为湿咳。咳嗽次数逐渐频繁。有时发生气喘和阵发性咳嗽。流淡黄色黏液性鼻涕。消瘦，贫血，呼吸困难，听诊有湿啰音；可导致肺泡性和间质性肺气肿，可引起死亡

【病理剖检】剖检病牛，见形体消瘦，极度贫血，肺部可出现肿大，肺脏内可能存在充血、瘀血，肺泡内有大量蛋白渗出液，在支气管、细支气管内可见到虫体。

【诊断要点】在流行地区的流行季节，注意本病的临床症状。主要是咳嗽，但一般体温不高，在夜间休息时或清晨，能听到牛群的咳嗽声，以及拉风匣似的呼吸声，在驱赶牛时咳嗽加剧。病牛鼻孔常流出黏性鼻液，并常打嚏喷。被毛粗乱，逐渐消瘦，贫血，头、胸下、四肢可有水肿，呼吸加快，呼吸困难。犊牛症状严重，严寒的冬季可发生大批死亡。成年牛如感染较轻，症状不明显，呈慢性经过。

用粪便或鼻液做虫卵检查，如发现虫卵或幼虫，即可确诊。剖检病死牛时，若支气管、气管黏膜肿胀、充血，并有小出血点，内有较多黏液，混有血丝，黏液团中有较多虫体、卵或幼虫，也可

确诊。

【防治要点】 定期在春季（2～3 月份）进行预防性驱虫，圈舍和运动场所应保持清洁干燥，及时清扫粪便并堆积发酵，应尽量避免到潮湿和中间宿主多的地方放牧。治疗患牛可采用丙硫咪唑，剂量为 5～20mg/kg 体重，口服；左旋咪唑片，7.5mg/kg 体重，口服，或左旋咪唑注射液，7.5mg/kg 体重，皮下或肌内注射。

第七节　毛首鞭形线虫病

毛首鞭形线虫（*Trichuris trichiura*）是属于鞭虫科（Trichuridae）、鞭虫属（*Trichuris*）寄生虫，主要寄生于动物消化道内，危害幼龄动物。感染后病畜主要症状多为贫血消瘦，但严重时常可造成病畜因营养缺乏而死亡。

【病原】 毛首鞭形线虫因其形态特点，也被称为鞭虫或毛尾线虫。虫体呈乳白色，长 20～80mm。前部细长为食道部，约占整个虫体长的 2/3，内含由一串串单细胞围绕着的食道。后部粗短为体部，内有生殖器官和肠管。雄虫尾部卷曲，泄殖孔位于虫体末端，无交合伞；有交合刺 1 根，包藏在有刺的交合刺鞘内，刺及刺鞘均可伸缩于体内、外。雌虫尾部较直，阴门位于粗细交界处，肛门位于体末端。虫卵为棕黄色，腰鼓形，卵壳较厚，两端有卵塞。

【流行特点】 成虫主要寄生于牦牛的盲肠中，成虫产出单细胞期虫卵，卵随粪便排到外界后，在适宜的温度和湿度件下，经 3～4 周发育为含第 1 期幼虫的感染性虫卵，牦牛误食含有虫卵的食物后感染，毛首鞭形线虫第 1 期幼虫在动物小肠后部孵出后，钻入肠绒毛发育，8d后移行到盲肠和结肠内，侵入肠黏膜。从幼虫感染到发育成熟需一个月。

成虫寿命为4～5个月。主要危害幼龄动物。一般夏季易感染，秋冬季出现临床症状。在卫生条件较差的圈舍内，一年四季均可感染。虫卵壳厚，抵抗力强，可在土壤中存活5年。

【临床特征】 毛首鞭形线虫病是一种以消瘦、贫血、腹泻、面部肿胀、高发病率为特征的疾病。发病初期患畜表现为精神沉郁、喜睡，轻度感染时患畜腹泻，肛门周围有稀粪附着，食欲差、贫血、反刍减少。严重感染时，动物精神不振，食欲减退、消瘦，不愿走动，面部肿胀，发热，剧烈腹泻，排灰白色似水泥样稀粪，呈糊状，腥臭，甚至引起动物死亡。

【病理剖检】 对患病牦牛进行剖检，肺块状出血，心肌柔软，心包积液，心内膜有针尖大小出血点，全身脂肪特别是心冠脂肪变性呈淡黄色胶冻状。胆囊充盈肿胀，胆汁变性呈尿样（黄褐色），胆囊内壁有粟粒大小乳黄色颗粒。脾脏上有白色被膜覆盖，被膜不易剥离。肾包膜不易剥离，肾盂内有淡黄色胶冻样物，全身淋巴结水肿变性、变黑，切开淋巴结有煤灰水样的水肿液流出。

盲肠和结肠黏膜有出血、水肿、溃疡和坏死，有时肠黏膜上形成结节，内有部分虫体和虫卵。

【诊断要点】 患病时诊断可采集动物新鲜粪便用漂浮法筛查特征性的虫卵，死后诊断可剖解动物查找虫体而确诊。

【防治要点】

（1）预防措施　加强饲养管理，搞好环境卫生，定期消毒；做好治疗性或预防性驱虫，并无害处理粪便，保持饲草和饮水卫生等。

（2）治疗措施　患畜可使用左旋咪唑，10mg/kg体重配成5%溶液肌内注射；10～15mg/kg体重口服；左咪唑透皮剂0.1mL/kg，涂擦耳根部。也可使用伊维菌素或阿维菌素0.3mg/kg内服或皮下注射。

第八节　住肉孢子虫病

住肉孢子虫病是由真球虫目（Eucoccidiorida）住肉孢子虫科（Sarcocystidae）住肉孢子虫属（Sarcocystia）的虫体感染而引起的一种世界性的寄生虫病，是一种食源性人畜共患原虫病。主要在我国西北、西南等地的养殖地区存在，影响人畜健康和公共卫生安全。

【病原】住肉孢子虫常寄生于横纹肌和中枢神经系统，是二宿主寄生虫，中间宿主为杂食动物或草食动物，终末宿主为肉食动物。可感染牦牛的住肉孢子虫有3种，分别是以犬和郊狼为终末宿主的牛犬住肉孢子虫（Sarcocystia *bovicanis*）、以猫为终末宿主的牛猫住肉孢子虫（*S. bovifelis*）和以人为终末宿主的牛人住肉孢子虫（*S. bovihominis*）。住肉孢子虫在牦牛肌纤维和心肌中，以包囊形态存在；在终末宿主小肠上皮细胞内或肠腔中，以卵囊或孢子囊形态存在。

包囊灰白色或乳白色，其纵轴与肌纤维平行，多呈纺锤形、椭圆形、长线状、圆柱形等，大小1～10mm，小的需在显微镜下才可见到。囊壁由2层组成，内层向囊内延伸，将囊腔间隔成许多小室。囊内含有母细胞，成熟后成为呈香蕉形的慢殖子，又称为雷氏小体。

【流行特点】牦牛误食了具有感染性的孢子化卵囊后就会被感染，孢子囊在肠内释放出子孢子，子孢子钻入肠系膜淋巴结，发育为裂殖体；裂殖体产生第一代裂殖子，裂殖子进入血液，并在心、肝、肾、脑、肌肉血管上皮细胞内形成第二代裂殖体，感染后19～46d，开始出现第二代裂殖子，裂殖子通过血液循环，进入心肌和骨骼肌中定居下来，形成住肉孢子虫包囊。牦牛首次感染住肉孢子虫后70d，体内的住肉孢子虫对终末宿主具有感染力。

牦牛住肉孢子虫的感染高峰期一般为6月、8月、10月或12月，青海地区牦牛较为多发。

【临床特征】患畜多数表现为隐性经过，表现为精神沉郁，疲倦无力、食欲减退、消瘦、贫血、脱毛、母畜流产、腹泻。感染严重者会导致全身水肿、共济失调、生产性能下降等，更甚者在感染后26～33d死亡。

【病理剖检】尸体剖检特征性病变，见心冠脂肪萎缩，呈胶冻样变；全身淋巴结肿大，黏膜和内脏苍白，心包、胸腔有较多积液，心脏、大脑、消化道、泌尿道黏膜有瘀血斑。肌纤维出现不同程度的透明变性、萎缩、溶解，间质结缔组织增生。食管平滑肌内有多个纺锤形的虫体包囊，呈乳白色，与肌纤维平行。

【诊断要点】生前诊断困难。主要借助于免疫学方法，如间接血凝试验、酶联免疫吸附试验等，结合临床症状和流行病学进行综合诊断；也可采取少量肌肉组织（腿肌、臀肌、背肌等），剪碎压片镜检，观察到住肉孢子虫包囊即可确诊。死后剖检发现包囊可确诊。

【防治要点】目前尚无特效药物，患病牦牛可试用抗球虫药物，如盐霉素、莫能菌素、氨丙啉等治疗。该病的防治重点在预防，应加强肉产品检验制度，将住肉孢子虫列为必检项目；被住肉孢子虫污染的肉产品，要进行无害化处理；对引进的牦牛进行检疫，防止引入该病；对家养的犬、猫等肉食动物进行普查，消除病原。

第九节　脑多头蚴病

脑多头蚴病又称为脑包虫病，是由带科、带属的多头绦虫的幼虫——脑多头蚴寄生于牛羊等动物脑内而引起的一种绦虫蚴病，俗称“脑包虫病”。有时亦能在延脑或脊髓内发现，是对牦牛危害比较严重的寄生虫病之一，常呈地方性流行。

【病原】脑多头蚴为多头绦虫的中绦期幼虫，为乳白色半透明的囊泡，圆形或卵圆形，内部充满透明液体，体积大小不一，小的囊泡大约如豌豆大小，大的囊泡大致有鸡蛋般大小，每个囊泡内膜上有大量的原头蚴，数量多达至100～250个。成虫寄生于犬、狼、狐狸等的小肠中，体长可达到50～110cm，全身由多个节片组成，数量为300～600个，节片为长方形状，头节上有4个吸盘，顶突上有小钩22～32个，排成两行，为中型绦虫。成节呈方形，或宽大于长，生殖器官每节一组，生殖孔不规则地交替开口于节片侧缘中点的稍后方。睾丸约300个，分布于两侧，卵巢分两叶，近生殖孔侧的一叶较小。孕节内子宫有14～26对分支。虫卵直径为29～37μm，内含六钩蚴。脑多头蚴大小取决于寄生部位、发育的程度及动物种类，直径约5cm或更大。囊壁由两层膜组成，其上有许多原头蚴。

【流行特点】多头蚴主要寄生在犬科动物的小肠中，发育成熟后脑包虫节片会自由脱落，并由宿主以粪便形式排出体外，虫卵污染草、饲料和饮水。牦牛误食后被感染，六钩蚴逸出，钻入肠壁血管，随血液到达脑和脊髓中，经2～3个月发育为脑多头蚴。任何年龄段的牦牛都可能感染该病，牦牛脑包虫病多出现在1～3岁左右的幼年牦牛，一旦患病会对犊牛正常生长带来巨大影响，如果治疗不及时会导致犊牛死亡。

我国是世界上脑包虫病高发的国家之一，主要以新疆、西藏、宁夏、甘肃、青海、内蒙古、四川等地最为严重。在牧区和半牧区，动物均可感染和发病。牦牛的脑包虫病在传统农村社区中更为普遍，这些社区通常依赖畜牧业，同时缺乏卫生设施和医疗卫生教育。在这些地方，人们可能会与被感染的动物接触，食用生肉或未经充分烹饪的肉制品，增加了感染的机会。

【临床特征】牦牛的脑包虫病的临床症状因感染程度、寄生虫数量和寄生虫在脑部的位置而异。

牦牛慢性脑包虫感染早期，通常不会表现出明显的临床症状，有一些敏感的牦牛可能会出现轻度的食欲减退、体重减轻，这一阶段被称为无症状期。随着病情的加重，患畜会出现神经症状，如异常行为、协调能力下降、头部姿势不自然甚至出现抽搐。当寄生虫的包囊压迫到患畜的大脑组织时，患畜会表现为头痛、视力减退。患病牦牛的行为可能会发生明显改变，如异常兴奋、恐惧或烦躁。

再严重时就会引起一系列并发症，寄生虫包囊破裂导致脑膜炎的发生。此时患畜会出现高热、颅内压增高、严重头痛以及疼痛等症状，随着脑多头蚴的发育增大，压迫组织，往往出现颅骨凸起、变薄等现象。当包囊增大并压迫周围的神经组织，会导致牛出现瘫痪症状。慢性型牛脑包虫病的病程通常较长，且容易反复。该类型的脑包虫病在病情严重时也会导致牛死亡。

急性型脑包虫病主要发生于犊牛。该病具有一定的潜伏期。犊牛在发生感染半月后往往会出现体温升高、食欲下降、反应迟缓、不停奔走、痉挛等症状。病情严重的还会表现出颈部弯向一侧、斜视、流涎、磨牙以及精神极度亢奋或沉郁。患有急性型脑包虫病的病牛病程通常较短，病牛死亡率较高。

【病理剖检】对病死牛进行解剖可发现其大脑中出现囊肿，且有不同程度的萎缩。患急性型脑包虫病的病牛脑部还会出现明显的炎症区域，脑膜内可观察到清晰的肿瘤移位造成的疤痕。患慢性型脑包虫病的病牛的大脑和脊髓的不同部位可发现大量多头蚴。观察感染部位还可发现骨头变软、变薄，甚至有穿孔现象。

【诊断要点】脑包虫病的主要临床症状为四肢麻痹、后退、猛冲、转圈、精神沉郁或兴奋、呼吸快速以及体温升高，如果发现牦牛出现上述症状，可初步诊断为脑包虫病。但还要对环境开展详尽调查，询问当地是否有狐狸或者狼出没，附近居民是否养狗。

通过对病死牛脑部病变区域的囊肿进行病原学检查进行诊断，观察后若发现脑多头蚴则可确诊。另外，可采取变态反应进行诊断。在注射由脑多头蚴囊壁制成的乳剂抗原 1h 后观察病牛皮肤状态。若皮肤出现肿胀，且肿胀厚度为 2～4cm 时，即可确诊。

【防治要点】该病的防治主要从两个方面下手。

1. 加强环境卫生工作

日常饲养过程中应定期做好牛舍的卫生清洁工作，及时清除粪便、尿液等排泄物，做好室内的通风工作，保持牛舍干燥、空气质量良好；加强传染源的管理，犬作为该病的主要传染源，可大大增加牛患脑包虫病的发生概率，因此，养殖场应做好犬只的管理工作，及时清除流浪犬，从而减少患病的风险，另外，放牧时远离狼、狐狸出没的区域。

2. 药物治疗和手术治疗

（1）药物治疗　吡喹酮片，按照 30mg/kg 的剂量服用，每间隔 1 周服用 1 次，连续服用 3 次即可。

（2）手术治疗　手术前对寄生虫的位置精准定位，并找到病牛头骨的软化点，以此为中心画十字形。在进行杀菌消毒后，用电钻钻出小圆孔，取出头骨片将其放入生理盐水中。随后将脑膜剪开，轻轻拉出包囊，使用注射器对其进行穿刺并将其内部的液体抽空。最后，使用高浓度酒精，对手术创口进行反复冲洗。完成后将碘酒涂抹于术口进行杀菌、消毒。消毒后对创口进行缝合、覆盖和包扎。

第十节　犊弓首蛔虫病

犊弓首蛔虫病的病原体为牛弓首蛔虫（*Toxocara vitulorum*），寄生于初生牛犊的小肠内，引起肠炎、腹泻、腹部膨大和腹痛等症状。该病分布很广，遍及世界各地，我国多见于南方各省的犊牛，初生牛大量感染时可引起死亡，对养牛业危害甚大。牛弓首蛔虫又称牛新蛔虫（*Neoascaris vitulorum*）。

【病原】虫体粗大，外形与猪蛔虫相似，但虫体表皮较薄、柔软、半透明且易破裂，淡黄色。雄虫长 11～26cm，雌虫 14～30cm。头端具 3 个唇片，食道呈圆柱形，后端有一个小胃与肠管相接，雄虫尾部呈圆锥形，弯向腹面，有 3～5 对肛后乳突，有许多肛前乳突，交合刺 1 对，等长或稍不等长。雌虫尾直，生殖孔开口于虫体前 1/8～1/6 处。虫卵近球形，淡黄色，大小为（70～80）μm×（60～66）μm，壳厚，外层呈蜂窝状，内含一个胚细胞。

【流行特点】牛弓首蛔虫通过胎内感染和乳汁感染方式感染宿主。成虫只寄生于 5 月龄以内的犊牛小肠内，雌虫产卵，随粪便排出体外，在适宜条件下经过 20～35d 发育成为具有感染性的虫卵。母牛误食虫卵后幼虫在小肠内逸出，穿出肠壁，移行至肝、肺、肾等器官组织，并停留在这些器官组织里。当该母牛怀孕 8.5 个月左右时，幼虫便移行至子宫，进入羊膜液中，之后幼虫进入胎牛肠中发育，至小牛出生后，经 25～31d 变为成虫。成虫在小肠中可生活 2～5 个月，以后逐渐从宿主体内排出。另外一途径是幼虫从胎盘移行到胎儿肝和肺，以后沿牛弓首蛔虫幼虫移行途径转入小肠，引起生前感染，犊牛出生时小肠中已有成虫。还有一条途径是幼虫在母体内移行到乳腺，经乳汁被犊牛吞食，因此，犊牛可以出生后被感染。

牛弓首蛔虫病主要发生于 5 个月以内的犊牛，在自然感染的情况下 2 周龄至 4 月龄的犊牛小肠内寄生有成虫。呈地方流行，主要通过误食感染性虫卵传播，在早期感染时若不及时驱虫和治疗，将会导致较高的死亡率。

【临床特征】出生后 2 周的犊牛患病症状最为严重的是犊牛出生后的 2 周，出现该病的犊牛主要表现为精神不振、食欲下降、下痢、机体消瘦、不愿行走、站立不稳、贫血等症状。若不及时进行有效的治疗，还可出现死亡现象。患病牛多排灰白色糊状粪便，严重的还会排出带有血丝的粪便，且粪便异味严重，粪便表面有油状物，粪便中携带大量的虫卵。另外，患病牛还伴随严重的腹痛、腹胀、水肿、被毛粗硬、排酸味气体。病情严重的犊牛还可出现肠梗阻或肠穿孔的问题。

【病理剖检】患畜尸体消瘦，被毛杂乱，对其进行剖检可见肠道内有大量虫体，有时可见肺脏、肝脏等部位存在虫体，肠道、肺脏可出现炎性细胞浸润，表面有点状出血点，镜检可见嗜酸性粒细胞显著增加。

【诊断要点】临床诊断除结合犊牦牛的发病症状外，还要进行必要的粪便检查（采用直接涂片法、盐水浮集法等），发现虫卵可以确诊。

【防治要点】弓首蛔虫的虫卵对光照和高温敏感，阳光直射和高温可快速将其杀死。所以为预防此病要注意保持牛舍和运动场的清洁，垫草和粪便要勤清扫，牛舍用具定期晒太阳或者高温消毒。有条件时，将母牛和小牛隔离饲养，减少母牛感染。此外，对受孕母牦牛施行预防性驱虫。可以选在母牦牛临产前两个月，施用左旋咪唑，以杀灭其体内潜伏的幼虫，防止侵害胎牦牛。

治疗该病主要使用驱虫药物，目前主要使用的防治方法如下：①左旋咪唑：按7.5mg/kg体重，一次性口服或肌内注射；②丙硫咪唑：按10～20mg/kg体重，一次性口服；③伊维菌素：按0.2mg/kg体重，一次性皮下注射。

第十一节　捻转血矛线虫病

捻转血矛线虫（*Haemonchus contortus*）属于毛圆科，血矛属，主要寄生在牦牛等反刍动物的第四胃即皱胃中，偶见于小肠。捻转血矛线虫的感染率和致病力都很高，该病在全国各地普遍存在。

【病原】捻转血矛线虫成虫雌雄异体，肉眼可见，主要寄生在反刍动物的皱胃，少量寄生于小肠或是游离于皱胃内容物中。雌虫较大，长约3cm，具有典型的“麻花状”特征，由吸血呈红色的消化道与白色的生殖器官相互环绕形成，故该虫又称“捻转胃虫”或“麻花虫”。阴门位于雌虫虫体的后半部分，具有突出的瓣状阴门盖。雄虫相对较小，长约2cm，比雌虫细，放到清水中仔细观察，能看到尾部“Y”字形的交合伞。偶尔可见正在交配的雌雄虫，数条丝状的雄虫部分身体钻入雌虫的生殖道，部分游离于体外。

【流行特点】捻转血矛线虫的生活史不需要中间宿主。寄生于宿主体内的雌雄虫交配后，雌虫产卵，卵随粪便排至外界。虫卵在适宜的条件下约7d即发育为具有感染性的幼虫。感染性幼虫具有向茎叶生长的习性，放牧的牛羊采食时摄入茎叶上的感染性幼虫，经口感染的幼虫经消化道最终到达皱胃，钻入皱胃黏膜，然后返回胃腔逐渐发育为成虫。从感染到发育成熟约需20d。

捻转血矛线虫在我国分布很广，各地流行时间多为仲夏和早秋。捻转血矛线虫的虫卵和幼虫在北纬40°以北的草地上不能越冬。牛感染的季节在北方主要是夏季，而在南方终年都能发生，但主要在夏、秋两季。在夏季和秋季来临之前，虫体为了适应寒冷、热和干燥等不同的气候条件，在宿主体内往往进入发育停滞阶段。

【临床特征】发病牛主要集中在1.5～3岁，病牛体质瘦弱、腹泻，被毛粗乱，食欲不振，可视黏膜苍白，体温一般不高，耳尖发凉，放牧时经常掉队，喜卧，后期下颌间隙水肿，呈典型“皮袋颌”，加强喂饲，暂时消失。3岁以上病牛主要表现腹泻与便秘交替出现，体质虚弱，颌下水肿不发生或轻度发生。

捻转血矛线虫病急性和亚急性感染临床症状主要表现为不同程度的贫血；可视黏膜如眼结膜、口腔黏膜、鼻黏膜等苍白；上、下颌间以及下腹部和四肢发生水肿，腹泻和便秘相交替等。而慢性感染常表现为发育不良，虚弱和渐进性消瘦。

【病理剖检】对病死牛进行剖检，死后剖检血液稀薄如水，体质高度瘦弱，下颌间隙水肿部分呈胶冻状。皱胃黏膜表面有大量虫体寄生，皱胃壁水肿，黏膜有许多小出血点和无数直径1～2mm的稍突出于黏膜表面的小结节，有些结节融合在一起，形成“大鹅卵石”状外观。某些实质器官（如肝脏、肾脏、脾脏等）存在出血斑点，质地柔软；盲肠和小肠的肠道黏膜上均呈现卡他性炎症，皱胃黏膜或者胃内容物内可以发现大量红白色的成虫。心包和胸腔有积水。

【诊断要点】结合流行病学及临床症状进行诊断，另外采取饱和食盐水漂浮法检测粪便中的虫卵，粪便排出的虫卵常为桑葚胚，(75～95)μm×(40～50)μm，灰黄色，椭圆形，卵壳薄，一端或两端有新月形的空隙，进行确诊。利用核糖体DNA第二转录间隔区（ITS-2）可以进行捻转血矛线虫卵的分子鉴定；实时定量PCR技术可以定量检测粪便中捻转血矛线虫的虫卵量，这将有助于本病的生前诊断。

【防治要点】捻转血矛线虫病的防控应遵循三个原则：控制传染源，切断传播途径和保护易感动物。要及时治疗甚至淘汰严重患病动物。要及时对牛群进行治疗性驱虫，还要根据地方流行特征进行预防性驱虫。此外还要减少或杜绝动物与污染源的接触，加强环境卫生管理。此外要加强饲养管理，提高动物自身免疫力。要注意饲料的营养和卫生，饲料营养应该全面，适时合理补充精料，增强动物的抵抗力。特别要注重对幼龄动物的照料和管理。药物治疗多以驱线虫药物为主，例如，可采用左旋咪唑按6～8mg/kg，1次口服或注射。或者采用阿苯达唑每10～15mg/kg，1次口服等。

第十二节　蜱虫病

蜱虫（ticks）又称扁虱或牛虱，俗称“草爬子”“草瘪子”等，常寄生于哺乳动物体表。蜱虫不仅吸食动物血液、刺激叮咬部位以致发炎，而且还是多种病原体的传播媒介和保虫宿主。全世界报道硬蜱科和软蜱科共900余种，其中我国发现的蜱类有125种，包括硬蜱111种、软蜱14种，但常见于牦牛的硬蜱种类有以下几种：微小牛蜱、全沟硬蜱、血红扇头蜱、镰形扇头蜱、长角血蜱、青海血蜱、残缘璃眼蜱、草原革蜱、中华革蜱、西藏革蜱等。

【病原】蜱类属于蜱螨亚纲（*Acari*）寄螨目（Parasitiformes）蜱总科（Ixodidea），下有三个科，分别是硬蜱科（Ixodidae）、软蜱科（Argasidae）及纳蜱科（Nuttalliellidae），其中对牦牛危害最大的为硬蜱科，其次为软蜱科。

硬蜱呈红褐色，背腹扁平长卵圆形，大小一般为芝麻至米粒大，雌虫吸饱血后可膨胀达蓖麻籽大。硬蜱的头、胸、腹愈合在一起，不可分辨，仅按其外部器官的功能与位置区分为假头与躯体两部分。假头有须肢和螯肢，在吸血时起支撑和切割皮肤的作用。其躯体背面为一盾板，雄虫的盾板几乎覆盖整个背面，雌虫、若虫和幼虫的盾板呈圆形、卵圆形、心脏形等不同形状，且仅覆盖背面前部。硬蜱的成虫和若虫有4对足，幼虫仅有3对足，第一对足跗节上有哈氏器，为硬蜱的嗅觉器官。硬蜱的消化系统由前肠、中肠、后肠组成。吸血时，前肠为特殊的吸血筒，中肠消化食物，后肠排出未消化的残余物和马氏管内含物。

软蜱虫体扁平，呈卵圆形或长卵圆形，吸血前为黄灰色，吸血后为灰黑色。饥饿时其大小、形态似臭虫，饱血后体积增大程度不如硬蜱。雄性软蜱较雌性软蜱小，但形态类似。软蜱也分为假头与躯体两部分，但其躯体无几丁质板，因而较软。我国常见的软蜱有波斯锐缘蜱、拉合尔钝缘蜱等。

【流行特点】传染源为蜱虫。硬蜱多潜伏于缝隙或土块下，当畜禽经过或休息时即侵袭吸血，吸饱血后落地；软蜱常生活在畜禽舍的缝隙、巢窝等处，当畜禽休息时即侵袭叮咬吸血。蜱虫附着在牦牛体表吸食大量血液，其释放的毒素引起牦牛皮肤脓肿、肉芽肿及红斑等过敏反应，经久不愈。更重要的是蜱是细菌、病毒、立克次体、螺旋体和原虫等多种人畜共患病原体的传播媒介和贮存宿主，由此导致多种蜱媒疾病，例如梨形虫病等，给牦牛养殖业造成巨大危害。

蜱虫的流行期取决于蜱的种类、地理分布、温度、湿度、宿主密度及活动时间等生态因素。大部分感染牦牛的蜱虫若虫与成虫于每年3月开始出现，4月、5月最多，个别会于9月第二次出现，11月上旬消失。以1岁龄牛犊发病率最高，死亡率也高。主要流行于3～6月，4～5月为发病高峰期。第二次发病为当年秋季8～10月，9月为高峰期。

【临床特征】各年龄段的牦牛都可患病，常见于在蜱虫肆虐区活动的牦牛。患病牦牛可见精神沉郁、躁动不安，频繁回顾、搔、蹭体表部位。畜主可在牦牛体表皮肤找到蜱虫叮咬痕迹或正在吸血的蜱虫，特别在额头、耳根、下颌、咽喉部皮肤上寄生成堆成片数量较多的蜱。被叮咬后的皮肤有明显出血点，由于蜱虫身上携带多种病原体，叮咬后还可能引起宿主皮肤肿胀、瘙痒、急性炎症等免疫反应，干扰其正常的生理活动，甚至导致化脓感染。当大量蜱叮附时，分泌的神经毒素使宿主四肢或全身麻痹，甚至导致宿主残疾、死亡，医学称为“蜱中毒”，俗称蜱瘫痪。蜱虫的吸血量大，若牦牛被过多蜱虫寄生，大量失血会导致牦牛的生长发育受阻、精神沉郁、消瘦、贫血等。蜱在吸血过程传播的病原体种类比蚊媒病原体还要多，包括病毒、立克次体、螺旋体、细菌、支原体、原虫、线虫等，这些病原体导致的疾病临床症状不一，应区别诊断及治疗。

【病理剖检】严重感染时牦牛会出现贫血症状、可视黏膜苍白、消瘦、生长发育不良等。如蜱寄生于趾间，即使是轻度感染、也会出现跛行等症状。有些蜱叮咬宿主后还会引起动物出现“蜱瘫痪症”，表现为食欲减退、运动失调、肌无力、流涎、瞳孔散大、瘫痪等，严重者可造成死亡。

【诊断要点】牦牛体表见吸血的蜱虫是最直接的诊断依据；牦牛皮肤有蜱叮咬痕迹，出血点、红肿、化脓灶、痂皮等；牦牛有野外饲养经历，草场未进行除蜱处理；畜禽舍内未进行消杀或消杀不彻底，缝隙或墙边有软蜱藏匿等。

【防治要点】

（1）捕捉　在每天放牧、使役归来时检查牦牛体表，发现蜱时将其摘除，集中杀灭。

（2）化学药物灭蜱　如有机磷类药物、聚酯类药物和有机氯类药物进行喷雾、涂擦、药浴，或注射伊维菌素、阿维菌素、多拉菌素等大环内酯类药物。

（3）畜禽舍内消杀　软蜱等蜱类多生活在畜禽舍内地板缝隙、墙边等隐蔽处，消杀时应堵塞畜舍内所有缝隙和小孔，堵塞前先向裂缝内撒煤油或杀虫药，然后以水泥、石灰、黄泥堵塞，并用新鲜石灰乳粉刷厩舍。用1%～2%马拉硫磷、1%～2%倍硫磷乳剂喷洒圈舍内墙面、门窗、柱子。

（4）消灭自然环境中的蜱　可通过改变自然环境使其不利于蜱的生长。例如翻耕牧地，清除杂草、灌木丛，严格监督下的烧荒等，以消灭蜱的滋生地。

第十三节　牛皮蝇蛆病

牛皮蝇蛆病是皮蝇科、皮蝇属的牛皮蝇以幼虫阶段寄生于牦牛体内（最后阶段移行至牦牛皮下）引起的一种寄生虫病，该虫偶尔也能寄生于马、驴和野生动物的背部皮下组织，而且可寄生于人，是重要的人畜共患病之一。

【病原】目前发现的寄生于牦牛的皮蝇属有牛皮蝇、纹皮蝇和中华皮蝇。牛皮蝇成虫较大，有足3对、翅1对，体表被有长绒毛，外形似蜂；复眼不大，有3个单眼；触角芒简单，无分支；口器退化，不能采食，也不叮咬牛只，只是飞翔、产卵。成蝇仅生活5～6d，产完卵后即死亡，但其产卵部位多在牦牛的四肢上部、腹部、乳房、前胸、前腿等部位的皮毛上，孵出幼虫后会钻入牦牛体内移行蜕化，对牦牛皮下组织造成严重损伤，因而本节重点介绍牛皮蝇的幼虫，即牛皮蝇蛆。

【流行特点】牦牛牛皮蝇病传播时间较长，可以全年传播，中间没有间隔。牛皮蝇的生存及发育受环境湿度、温度等因素影响，因而其传播流行具有一定的季节性。夏季是牛皮蝇蛆病暴发的高危季节，高温潮湿的气候为牛皮蝇蛆病的传播创造了条件。在青藏高原地区，皮蝇蛆病是长期制约牦牛饲养业的主要疫病之一，在未防治的牦牛群中皮蝇幼虫的感染率在50.4%～93.3%，平均感染率64.78%，严重地区高达100%。1～3岁和体况较差的牦牛的寄生率和寄生强度明显大于成年牛和体况较好的牦牛。如果养殖环境和放牧地区卫生环境较差，很容易滋生大量牛皮蝇，在放牧过程中牛皮蝇成虫可以将虫卵产在牛体表。牛皮蝇从卵发育至成虫约需一年，成蝇的出现季节随气候条件不同而略有差异，一般牛皮蝇成虫出现于6～8月，纹皮蝇出现于4～6月。

【临床特征】牛皮蝇在牦牛体表皮肤产卵后，孵化的幼虫会进入皮下组织，牛皮蝇蛆在皮下移动会引起皮肤损伤和局部炎症病变，导致局部皮肤瘙痒难耐。牦牛会不断摩擦患病部位，导致牦牛无法正常休息，精神状态变差，甚至会使牦牛出现体表皮肤疼痛现象，情绪波动较大。同时牦牛的进食量会减少，营养不良导致身体日渐消瘦。患病部位的体表皮毛会变粗糙，用手触摸患病部位会明显感觉到结节，牛皮蝇蛆寄生的皮下会形成指头大的瘤状突起，用力挤压会将牛皮蝇蛆从小孔中挤出，不仅影响牦牛肉质，还影响皮革质量。除此之外，牛皮蝇蛆还携带有毒素，会使牦牛出现贫血、体质下降等症状。母牦牛染病后，其阴门和乳房会出现不同程度的水肿，导致其生殖能力下降，流产风险增加。若牛皮蝇蛆进入牦牛脑部，会使牦牛脑神经系统受损，牦牛行动受到影响，严重的会造成牦牛死亡。

【病理剖检】随着牛皮蝇蛆的移动，病理症状发生不同的变化。当牛皮蝇蛆进入皮肤初期会引发皮疹，幼虫在深层组织内的长期移动还会造成组织的深度损伤。幼虫移动期间，在内脏表面和脊髓管内可找到幼虫体。当幼虫蜕化成为第3期幼虫之后，其更容易寄生在尾根到肩胛部等的皮下处，寄生部位可以看到隆起肿瘤状。当幼虫成熟落地之后，瘘管会逐渐愈合，产生瘢痕组织。牛皮蝇蛆寄生于牛只体内时还会分泌毒素，毒素会影响血液循环，还会对血管壁造成损坏，容易使得牦牛贫血。牛体日渐消瘦，牛肉品质下降。若母牦牛患病，还会影响到胎儿的正常生长发育及哺乳等。当炎症蔓延到骨膜处，还可能引起骨膜炎、骨髓炎，损害神经外膜、神经束膜。

【诊断要点】结合牛皮蝇蛆病的病发情况和严重程度，可以用手术刀将牛皮蝇蛆寄生部位切开诊治。兽医要先确定病发部位，选择在典型的皮肤囊肿坏死部位将囊肿切开，切开后可看到囊肿内部有较多干酪状坏死物，颜色为灰白色或白色，挖出病料后进行实验室检查，一般可观察到有灰褐色的幼虫虫体存在，结合临床症状，基本可以确定为牛皮蝇蛆病。此外，兽医在日常诊断时，如果在牦牛背部皮下组织内发现有牛皮蝇蛆，病发初期会在体表皮肤表面出现硬结，形状为圆形或椭圆形，随着病情发展，在1个月后硬结变大，像脓瘤一样隆起在皮肤表面，而且隆起的中间部位有小孔存在，小孔周围有较多干涸的浓痂，用手挤压可挤出白色虫体，也可以确诊为牛皮蝇蛆病。

【防治要点】对于牦牛牛皮蝇病的治疗要始终坚持“早发现、早治疗”的原则，不可延误病情，当前对于该病的治疗主要以药物治疗的形式为主。常见的治疗药物是阿维菌素，一般用药量为0.7mg/kg，用药疗程为3d/次，连续用药5次即可见效。对于患病的种公牛可以使用1%伊维菌素注射液并配合增效剂，按照1mL/50kg体重的标准在牦牛颈部注射，整个治疗过程分为两部分：①根据牛皮蝇幼虫的生长习性，消灭1期和2期牛皮蝇幼虫；②消灭2期和3期牛皮蝇幼虫。要在每年4月初使用50%酒精溶液和乐果，以肌内注射或皮下注射为主，注射量要根据牦牛生长阶段合理确定。

第十四节　螨病

螨病又叫疥癣，通常是指由于疥螨科或者痒螨科的螨虫寄生在畜禽体表而引起的慢性寄生性皮肤病，在牦牛养殖中是一种常见的牛体外寄生虫疾病。临床症状以剧烈的皮肤瘙痒、湿疹性皮炎、脱毛、患处逐渐由小到大扩张为主，且具有传染性。一年四季均可发生，但多发于冬春季节。

【病原】疥螨科与痒螨科中有多种属，但与兽医密切相关的共有6个属，其中的疥螨属、痒螨属的传播范围更广、危害更大。疥螨呈龟形，背面隆起，腹面扁平，镜下可见其呈浅黄色。体背面有细横纹、锥突、圆锥形鳞片和刚毛，腹面有4对粗短的足。痒螨呈长圆形，表皮为透明的淡褐色，上面可见稀疏的刚毛和细皱纹。许多动物都有痒螨寄生，它们的形状相似，但却不会相互感染，即使感染也只能短暂寄生。疥螨是咀嚼式口器，其通过在宿主体表挖凿隧道，以角质层组织以及渗出的淋巴液为食。它们还会在挖掘的隧道中发育和繁殖，且雌螨在此产卵。痒螨是刺吸式口器，其寄生于皮肤表面，吸取渗出液为食。痒螨雌螨多在皮肤上产卵。

【流行特点】牦牛螨病分布极广，全世界各国的牦牛产区均有报道螨病。在牦牛养殖中，螨最适宜生长的环境为潮湿脏乱的圈舍以及湿度较高的动物体表，因而牦牛螨病一般在秋末开始流行，冬季出现流行高峰，次年春末时逐渐好转，表现为一定的季节性。当阳光充足，家畜换毛、皮温升高，水草充足时逐渐好转。有些病例可以临床自愈，此时虫体常隐藏在牦牛躯干毛发较长或不见阳光的皮肤褶皱处，如：耳壳、尾根、蹄间、眼窝等位置，一旦环境条件发生变化，“自愈”的牦牛便开始出现临床症状并传染给其他牦牛。当海拔较低，气温较高，空气干燥时螨病的发病率较低。

【临床特征】剧痒是整个病程中的主要症状，且病势越重，痒觉越剧烈。螨的体表长有很多刺、毛和鳞片，同时其口器还能分泌毒素，因此，当它们在宿主皮肤采食和活动时频繁刺激神经末梢而引起痒觉。螨引起的痒觉有一个特点：环境或体表温度越高，痒觉越强烈。剧痒使病畜不停地啃咬患部，并用力蹭搔墙壁、树干等，这会加重患部的炎症和损伤，同时还向周围环境散布大量病原。在虫体的机械刺激和毒素作用下，患畜皮肤发生炎性浸润，患部皮肤形成结节和水疱，当病畜蹭痒时，结节、水疱破溃，干燥后结成痂皮。蹭痒时痂皮被蹭掉，重新结痂。多次重复后导致角质层过度角化，患部脱毛，皮肤变厚，失去弹性而形成皱褶。患病牦牛食欲减退，烦躁不安，营养不良，消瘦，贫血，行动不便，甚至死亡。

【病理剖检】皮肤表面变得粗糙、增厚，出现鱼鳞状或糠秕状的鳞屑。由于螨虫的寄生和叮咬，皮肤可能会出现溃疡和糜烂，形成浅表性伤口。真皮层可能会有炎症细胞浸润，包括淋巴细胞、巨噬细胞和嗜酸性粒细胞等。病变部位的血管扩张，导致局部充血和红肿。螨虫感染可能会导致毛囊和皮脂腺的破坏，使毛发脱落和皮肤油脂分泌减少。在慢性病变中，结缔组织可能会增生，导致皮肤变硬和失去弹性。

【诊断要点】根据发病季节、剧痒、患部皮肤病变等，确诊有明显症状的螨病较为容易。但症状不够明显时，则需要采取健康与病患交界处的痂皮，检查有无虫体，具体方法是刮取皮屑至皮肤轻微出血后，将刮取的皮屑置于纸上，在强烈的阳光下可见皮屑由于虫体带动而缓慢移动，即可作出初步诊断。将少量皮屑置于载玻片上，加 1～2 滴生理盐水或甘油后，盖上玻片展开病料，低倍镜下见到虫体移动可确诊为牛螨病。

诊断时应注意与皮癣、湿疹、虱病等会使牦牛发生相似症状的疾病相鉴别。

【防治要点】

(1) 预防措施　保持畜舍宽敞、干燥、透光、通风良好。畜舍应经常清扫，定期消毒，饲养管理用具也应定期消毒；引入牦牛时应事先了解有无螨病存在，详细观察畜群，并作螨病检查；新引进牦牛最好先隔离观察确定无螨病后再合群饲养；经常观察牦牛群中有无发痒、掉毛现象。及时检出可疑牦牛并隔离饲养，迅速查明原因，发现牦牛患螨病应及时隔离治疗。

(2) 治疗措施　注射疗法：1%伊维菌素 0.3mg/kg，皮下注射，3d 一次。还可联合使用青霉素 600～800 万单位肌内注射，1 次/d；皮炎合剂（用甲硝唑 100mL，林可霉素 3g，庆大霉素 40 万单位，利多卡因 5mL，地塞米松 25mg 配合）作外用药涂擦，连续治疗 10d。此外，治疗螨病的药物和处方还有很多。

第十五节　弓形虫病

弓形虫病是由刚地弓形虫（Toxoplasma *gondll*）引起的可感染人和多种动物的人畜共患寄生虫病，于1908年首次被发现并命名，被报道于多个国家和地区。动物感染弓形虫后往往发生流产、不孕、死胎等生殖系统疾病，而人类同样对弓形虫易感。

【病原】刚地弓形虫属真球虫目，肉孢子虫科，弓形虫属。是一种专性寄生于有核细胞并且能感染包括人在内的几乎所有温血动物的顶复亚门原虫，又简称为弓形虫，因其似月牙的弓形而得名。弓形虫的全部发育过程需要两个宿主，中间宿主主要是哺乳类及鸟类，终末宿主是猫科动物，牦牛属于弓形虫的中间宿主。弓形虫在宿主体内有多种形态，主要包括速殖子、缓殖子/或包囊、裂殖体和卵囊等。速殖子和裂殖子是弓形虫快速增殖阶段，可对宿主造成急性感染；而缓殖子/或包囊和卵囊是以极缓慢速度增殖的甚至处于休眠状态的弓形虫。作为一种机会性致病病原，弓形虫能实现急性感染期（速殖子）与慢性感染期（缓殖子）的相互转化。

【流行特点】刚地弓形虫在全球广泛传播，几乎可以感染所有的恒温动物。然而，不同国家的特定气候和环境条件、地理位置、饮食和卫生习惯会导致弓形虫流行率的差异。猫和其他猫科动物是弓形虫的最终宿主，中间宿主包括人类、哺乳动物和鸟类。免疫功能正常的感染牦牛可成为无症状的病原体携带者，但免疫功能受损或受到抑制则会导致死亡。感染后，幼畜表现出免疫力低下、消瘦、贫血、呼吸道和神经系统症状以及生长迟缓等。雌性牦牛感染后会导致繁殖能力低下，如早产、流产、死胎、胎儿发育异常等，给养殖户带来直接经济损失。在公共卫生方面，弓形虫病是一种重要的机会性致病原虫病。牦牛作为肉制品的主要来源，可能感染弓形虫，并通过食物链传递给人类。

调查研究显示，青海省海晏县 2017 年 5～11 月从 900 份牦牛血清中检出阳性 15 份，阳性率为 1.67%；甘肃省天祝藏族自治县 2017 年 11 月从 6 个乡镇 498 份被检血清中，共检出阳性血清 87 份，总阳性率 17.5%。而我国青藏高原地区 2012 年弓形虫血清学检测阳性率为 21.66%，2013 年检出阳性率为 29.08%。这表明我国牦牛养殖中存在弓形虫感染，且感染率较高。

【临床特征】牦牛患弓形虫病后主要表现出突然废食，体温升高，共济失调，呼吸困难、咳嗽、打喷嚏等临床症状。患病牦牛精神沉郁，嗜睡，发病数日后出现神经症状，后肢麻痹，病程 2～8d，常发生死亡。慢性病例的病程则较长，病畜表现为厌食，逐渐消瘦，贫血。随着病程的发展，病畜可出现后肢麻痹，并导致死亡，但多数病畜可耐过。

【病理剖检】弓形虫的急性病例主要见于幼畜。剖检可见患病幼畜出现全身性病变，淋巴结、肝、肺等多个器官肿大，并有出血点和坏死灶。肠道重度充血，肠黏膜上常可见到扁豆大小的坏死灶。腹腔和肠腔内有多量渗出液，病理组织学变化为网状内皮细胞和血管结缔组织细胞坏死，有时有肿胀细胞的浸润，可见弓形虫的速殖子位于细胞内或细胞外。

慢性病例常见于老龄家畜。剖检可见患畜的内脏器官水肿，并有散在的坏死灶。病理组织学变化为明显的网状内皮细胞的增生，淋巴结、肾、肝和中枢神经系统等处则更为显著，但不易见到虫体。

隐性感染时可见患畜的中枢神经系统内有包囊，有时还可见有神经胶质增生性和肉芽肿性脑炎的发生。

【诊断要点】弓形虫病的临床表现、病理变化和流行病学虽有一定的特点，但不足以作为确诊依据，而必须在实验室诊断中查出病原体或特异性抗体，方可做出结论。急性弓形虫病可将病畜的肺、肝、淋巴结等组织做成涂片，用姬姆萨或瑞氏液染色，检查有无速殖子。也可将肺、肝、淋巴结等组织研碎后加入10倍体积的生理盐水，并在室温下放置1h后用上清液接种于小鼠腹腔，0.5～1mL/只，而后观察小鼠有无症状出现，并检查腹腔液中是否存在虫体。此外，弓形虫间接血凝检测（IHA）试剂盒也可用于弓形虫病的检测。血清学诊断可采用染料试验、间接血球凝集试验、补体结合试验、酶联免疫吸附试验等。

【防治要点】对弓形虫病的治疗主要是采用磺胺类药物，例如磺胺嘧啶、磺胺六甲氧嘧啶和敌菌净等。可按20mg/kg体重肌内注射复方磺胺对甲氧嘧啶钠注射液，首剂加倍，一天一次，连续用药1周，同时对于体质较差的牛配合肌内注射复合维生素B注射液，剂量20mL/kg，临床有较好疗效。弓形虫病的预防方面，主要通过监控和净化措施。对于引进的牛应做好弓形虫的检疫工作，对牛场内牛群弓形虫的感染情况定期进行检测。定期对圈舍进行消毒，28%浓度的氨水可用于杀灭弓形虫的卵囊。根据弓形虫病的流行特点，草原上的猫科动物感染弓形虫后，排出卵囊，家畜误食了被卵囊污染的水源及饲草而感染弓形虫病，建议对猫科动物进行一定范围的控制、饲喂其熟肉等，病死牛尸体及时进行焚烧处理。

第十六节　巴贝斯虫病

巴贝斯虫病与泰勒虫病均属于梨形虫病，梨形虫病旧称焦虫病或血孢子虫病。梨形虫病是一类经硬蜱传播，由巴贝斯科（Babesiidae）和泰勒科（Theileriidae）原虫引起的血液原虫病的总称，是一种重要的动物源性人畜共患病。牦牛的巴贝斯虫病是由巴贝斯属的双芽巴贝斯虫和牛巴贝斯虫等寄生于牦牛的红细胞内所引起的呈急性发作的血液原虫病，以患病牛高热、贫血、黄疸及血红蛋白尿为特征，严重感染往往会造成大批牦牛死亡，给牦牛养殖业造成巨大的经济损失。该病对牦牛的危害很大，各种牦牛均易感染，尤其是从非疫区引入的易感牛，如果得不到及时治疗，死亡率很高。

【病原】各种巴贝斯虫病的症状、病理变化、诊断与防治方法基本相似，巴贝斯虫常同时有圆形、椭圆形、梨籽形、杆形、阿米巴形等多种形态。姬姆萨氏染色后，虫体的原生质呈浅蓝色，边缘着色浓，中央浅或呈空泡状无色区，染色质暗红色。

双芽巴贝斯虫寄生于牦牛的红细胞内，是一种大型的虫体，其长度大于红细胞半径，虫体多位于红细胞的中央，每个红细胞内的双芽巴贝斯虫体一般为1～2个，很少有3个以上的。

牛巴贝斯虫也寄生于牦牛的红细胞内，是一种小型的虫体，长度小于红细胞半径，虫体多位于红细胞边缘或偏中央，每个虫体内含有一团染色质块，每个红细胞内有1～3个虫体。牛巴贝斯虫的染虫率普遍低于双芽巴贝斯虫，有的学者认为这是寄生牛巴贝斯虫的红细胞黏性较大，多黏附于血管壁上，而检测多采取外周血检测所致。

【流行特点】梨形虫是一种永久性的寄生虫，不能离开宿主而独立生存于自然界。巴贝斯虫病的流行与传播媒介蜱的消长、活动相一致，蜱的活动季节主要为春末、夏、秋，而且蜱的分布有一定的地区性。因此，巴贝斯虫病具有明显的地方性和季节性。且硬蜱多在野外发育繁殖，因此该病多发生在放牧时期，舍饲牛发病较少。有研究调查显示，甘南牦牛双芽巴贝斯虫的感染率为22.33%，夏季牦牛双芽巴贝斯虫感染率最高（28.40%），而冬季的感染率为（14.12%）。新疆克州地区牦牛巴贝斯虫病的阳性率为25.10%。不同年龄和不同品种牛的易感性有差别，两岁内的犊牛发病率高，但症状较轻，死亡率低；成年牛发病率低，但症状严重，死亡率较高，尤其是老、弱及劳役过度的牛，病情更为严重；纯种牛和从外地引入的牛易感性高，容易发病，且死亡率高，当地牛一般对该病有抵抗力。

【临床特征】由于虫体大量破坏红细胞以及虫体的毒素作用，使牦牛产生较为严重的症状。双芽巴贝斯虫由于虫体较大，其症状往往比牛巴贝斯虫引起的症状要严重。牦牛巴贝斯虫病的潜伏期为1～2周。病牛最初的表现为高热稽留，体温升高到40～42℃，脉搏和呼吸加快，精神沉郁，喜卧地。食欲大减或废绝，反刍迟缓或停止，便秘或腹泻，有的病牛还排出黑褐色、恶臭带有黏液的粪便。泌乳期牛泌乳减少或停止，受孕母牛常可发生流产。病牛迅速消瘦、贫血，黏膜苍白和黄染。最明显的症状是由于红细胞大量破坏，血红蛋白从肾脏排出而出现血红蛋白尿，尿的颜色由淡红变为棕红色甚至黑红色。

实验室检查可见牦牛染病初期外周血液中出现虫体。红细胞染虫率10%～15%，个别重者达65%。患病牦牛血液稀薄、红细胞数下降、血红蛋白量减少、血沉加快、红细胞大小不均。白细胞在病初正常或减少，后增到正常的3～4倍；淋巴细胞增加；中性粒细胞减少；嗜酸性粒细胞降至1%以下或消失。重症时如不治疗可在4～8d内死亡，死亡率可达50%～80%。

慢性病例，体温波动于40℃上下持续数周，食欲减退，渐进性贫血和消瘦，需经数周或数月才能康复。幼年病牛，中度发热仅数日，心跳略快，略显虚弱，黏膜苍白或微黄，热退后迅速康复。

【病理剖检】剖检病死牦牛可见尸体消瘦、血液稀薄如水，血凝不全。皮下组织、肌间结缔组织和脂肪均呈黄色胶样水肿状。各内脏器官被膜均黄染。皱胃和肠黏膜潮红并有点状出血。脾脏肿大，脾髓软化呈暗红色，白髓肿大呈颗粒状突出于切面。肝脏肿大，呈黄褐色。胆囊扩张，充满浓稠胆汁。肾脏肿大，呈淡红黄色，有点状出血。膀胱膨大，存有多量红色尿液，黏膜有出血点。肺瘀血、水肿。心肌柔软，呈黄红色；心内外膜有出血斑。

【诊断要点】目前已经有不同的技术被用来诊断牛巴贝斯虫病，通常首选最简单直接的血涂片姬姆萨染色法，高倍显微镜下显示寄生虫的存在作为临床症状的病因。血清学试验包括了间接荧光抗体试验（IFAT）、酶联免疫吸附试验（ELISA）和免疫色谱试验（ICT）、补体结合试验（CFT）等，这些试验提供了体液免疫应答的信息，可通过抗原或抗体来诊断牛巴贝斯虫病。

【防治要点】

1. 预防措施

巴贝斯虫病是蜱媒性疾病，关键在于灭蜱。因此要了解当地蜱的活动规律，有计划地采取有效措施。巴贝斯虫病的传播媒介多为野外蜱，因此在蜱虫活动的高峰期应避免到大量滋生蜱的草场放牧，必要时可改为舍饲。当牛群中出现个别病例或向疫区引入敏感牛时，可应用咪唑苯脲进行药物预防。

2. 治疗措施

及时确诊，尽早治疗，方能取得良好的效果。同时，还应结合对症、支持疗法，如强心、健胃、补液等。常用的特效药有 4 种：①咪唑苯脲：对各种巴贝斯虫均有较好的治疗效果，治疗剂量为 1～3mg/kg 体重，配成 10％溶液肌内注射；②三氮脒（贝尼尔）：治疗按 3.5～3.8mg/kg 体重，配成 5％～7％溶液，深部肌内注射；③锥黄素（吖啶黄）：剂量为 3～4mg/kg 体重，配成 0.5％～1％溶液静脉注射，症状未减轻时，24h 后再注射 1 次，病牛在治疗后的数日内应避免烈日照射；④硫酸喹啉脲（阿卡普林）：剂量为 0.6～1mg/kg 体重，配成 5％溶液皮下注射。

第十七节　泰勒虫病

泰勒虫和巴贝斯虫一样，均属于梨形虫病。泰勒虫病是一类经硬蜱传播的梨形虫目（Piroplasmida）中的泰勒科（Theileriidae）泰勒属（*Theileria*）的各种原虫寄生于牛羊和其他野生动物巨噬细胞、淋巴细胞和红细胞内所引起的疾病的总称。我国已报道的寄生于牦牛的有中华泰勒虫（*Theileria sinensis*）、环形泰勒虫（*Theileria annulata*）、东方泰勒虫（*Theileria orientalis*）、吕氏泰勒虫（*Theileria luwenshuni*）、瑟氏泰勒虫（*Theileria sergenti*）等。环形泰勒虫病是一种季节性很强的地方性疾病，主要流行于我国西北、华北和东北地区。该病多呈急性经过，以高热稽留、黄疸、贫血和体表淋巴结肿胀为特征，发病率和死亡率较高，其流行区域和危害大于瑟氏泰勒虫。

【病原】寄生于红细胞内的环形泰勒虫虫体很小，形态多样，有圆环形、卵圆形、梨籽形、圆点形、十字形、三叶形等，其中以圆环形、卵圆形为主，占总数的70%～80%，寄生于巨噬细胞和淋巴细胞进行裂体生殖所形成的多核虫体为裂殖体或称石榴体、柯赫氏蓝体。呈圆形、椭圆形或肾形，位于细胞内或散在于细胞外，用姬姆萨染色法染色，虫体胞浆呈淡蓝色，其中包含有许多红紫色颗粒状的核，裂殖体有 2 种类型，一种为大裂殖体，另一种为小裂殖体。

瑟氏泰勒虫寄生于红细胞内，其形态大小与环形泰勒虫相似，主要区别是其形态以杆形和梨籽型为主。环形泰勒虫和瑟氏泰勒虫导致的症状相似，但瑟氏泰勒虫病的病程较长，症状较缓和，死亡率低于环形泰勒虫病。

【流行特点】泰勒虫是一种蜱传播疾病，因而本病的流行与传播与蜱的活动密切相关。蜱虫是夏秋季节最常见的吸血昆虫，进入夏秋季节之后，由于降雨量增加，放牧场地潮湿不堪，十分适合蜱虫的繁殖生长。因而巴贝斯虫病和泰勒虫病在 3～4 月下旬开始出现，以 5～6 月的发病流行率最高，进入秋冬季节后，发病流行率逐渐下降，具有一定的季节性。在发病年龄方面，以 2～5 岁的牦牛易感性最强，发病率最高。呈现随着牦牛的年龄增加，发病率先上升后下降的趋势。疫区牛普遍感染有泰勒虫，因此对特定的泰勒虫种具有一定的免疫力。新疆克州地区的牦牛泰勒虫病的抗体阳性率呈逐渐升高态势。

环形泰勒虫的传播媒介是残缘璃眼蜱，它是一种二宿主蜱，主要寄生于牛，且此种蜱主要在牛圈中生活，因此环形泰勒虫病主要在舍饲时发生。

瑟氏泰勒虫的传播者是血蜱属的蜱，我国已发现的青海牦牛的瑟氏泰勒虫病的传播者为青海血蜱，长角血蜱也可传播本病，这两种血蜱均为三宿主蜱。长角血蜱生活于山野或农区，因此，本病主要在放牧时发生。

【临床特征】泰勒虫的临床症状相似。本病潜伏期为14～21d，多数病例呈急性经过。

初期，发病牦牛体温升高达40～42℃，呈稽留热。食欲减退，被毛粗乱，精神沉郁。体温升高后不久，血涂片镜检可发现虫体，随着病程增加，发现虫体逐渐增多。穿刺淋巴结涂片镜检，可在淋巴细胞或巨噬细胞内见有裂殖体。此期延续5～6d。

中期，病牛食欲大减或废绝，反刍减少，精神显著委顿。放牧时，垂头耷耳，弓腰缩腹，不随群行动。有消化道症状出现，便秘或腹泻，粪便混有血液或黏液，可视黏膜苍白，有出血点或出血斑，尿液淡黄或深黄，量少，尿频，但无血尿，血红蛋白检查为阴性。此期红细胞染虫率高。血检红细胞减少2×10^6～3×10^6个/m^3，红细胞大小不均，血红蛋白减少20%～30%，血沉加快，白细胞变化不大。

后期如中期病情发展迅速、趋于恶化到后期食欲几乎废绝，可视黏膜轻微黄染。病牛磨牙、流涎，排少量干黑的粪便，常带有黏液或血丝。肌肉震颤，卧地不起，反应迟钝，在眼睑、尾根、阴囊等薄嫩的皮肤上出现粟米至扁豆大的深红色结节状的出血点，此为转归不良、趋向死亡的征兆，死亡常发生在发病后的1～2周，少数症状缓和者病程达20d。如中期病情不十分严重，患病牦牛有食欲，并能得到适当护理的病情可以转好，乃至痊愈。耐过病牛成为带虫者。

【病理剖检】剖检病死牦牛可见全身皮下、肌间、黏膜和浆膜上均有大量的出血点和出血斑。全身淋巴结肿大，切面多汁，有暗红色和灰白色大小不一的结节。皱胃黏膜肿胀，有许多针头至黄豆大、暗红色或黄白色的结节，结节部上皮细胞坏死后形成中央凹陷、边缘不整稍隆起的溃疡病灶，黏膜脱落是该病的特征性病理变化，具有诊断意义。小肠和膀胱黏膜有时可见到结节和溃疡。脾脏明显肿大，被膜上有出血点。肾脏肿大，质软，有粟粒大的暗红色病灶，外膜易剥离。肝脏肿大，质地变脆，表面呈现灰红色，有多量出血点或出血斑，肝门淋巴结肿大。肺脏有水肿和气肿，被膜上有多量出血点，肺门淋巴结肿大。

【诊断要点】该病的诊断与牦牛的巴贝斯虫病相似，在流行病学、临床症状与病理变化的基础上，早期进行淋巴结穿刺涂片镜检，可以发现石瘤体。通过耳静脉采血涂片镜检，在红细胞内找到虫体即确诊。红细胞染虫率的计算对该病的发展和转归很有诊断意义。如染虫率不断上升，临床症状日益加剧，则预后不良；如染虫率下降，食欲恢复，则预示治疗效果好，转归良好。

【防治要点】泰勒虫病的防治方法同巴贝斯虫病的防治方法类似，都可以使用三氮脒、锥黄素等药物进行治疗，具体可见巴贝斯虫病防治介绍。注意在使用输血或注射等方法治疗病牛的同时，要防止人为传播病原体。除此之外，泰勒虫的治疗还可用磷酸伯氨喹啉，以0.75～1.5mg/kg体重，每日口服1次，连用3d。该药对环形泰勒虫的配子体有较好的杀灭作用，在疗程结束后2～3d可使红细胞染虫率明显下降。症状严重者，可以进行强心、补液、健胃等支持疗法，为控制继发感染，也可使用抗生素进行治疗。

第十八节　球虫病

球虫病是畜牧生产中重要且常见的一种原虫病。在自然界中，球虫病的分布极为广泛，马、牛、羊、猪、犬、骆驼、兔、鸡、火鸡、鸭、鹅和鹌都可发生球虫病。其中以鸡、兔、牛和猪的球虫病危害最大，尤其是幼龄动物，常有本病流行，引起大批死亡。

【病原】牛球虫病的病原体属顶复门、孢子虫纲、真球虫目中的艾美耳科，细胞内寄生。各种家畜都有其专性寄生的球虫，不相互感染。牦牛球虫病主要是艾美耳属球虫导致，文献上记载的有10余种：邱氏艾美耳球虫（*E. zuernii*）、斯密氏艾美耳球虫（*E. smithi*）、拨克朗艾美耳球虫（*E. bukidnonensis*）、奥氏艾美耳球虫（*E. orlovi*）、椭圆艾美耳球虫（*E. ellipsoidalis*）、柱状艾美耳球虫（*E. cylindrica*）、加拿大艾美耳球虫（*E. canadensis*）、奥博艾美耳球虫（*E. auburnensis*）、阿拉巴艾美耳球虫（*E. alabamensis*）、亚球形艾美耳球虫（*E. subspherica*）、巴西利亚艾美耳球虫（*E. brasiliensis*）、怀俄明艾美耳球虫（*E. uyomingensis*）、皮利他艾美耳球虫（*E. pellita*）、牛艾美耳球虫（*E. bovis*）等。其中以邱氏艾美耳球虫、牛艾美耳球虫和奥博艾美耳球虫的致病性最强，在北方地区常见的种类也是邱氏艾美耳球虫、牛艾美耳球虫和奥博艾美耳球虫。

邱氏艾美耳球虫的致病力最强，可引起血痢。其寄生于整个大肠和小肠。卵囊为亚球形或卵圆形，光滑，大小为18μm×15μm。牛艾美耳球虫的致病力较强，寄生于小肠和大肠。卵囊为卵圆形，光滑，大小为（27～29）μm×（20～21）μm。奥博艾美耳球虫的致病力为中等，寄生于小肠中部和后1/3处。卵囊细长，呈卵圆形，通常光滑，大小为（36～41）μm×（22～26）μm。

【流行特点】发病牦牛和带虫牦牛是牦牛球虫病的主要传染源。

牦牛感染球虫，是由于吞食了散布在土壤、地面、饲料和饮水等外界环境中的感染性卵囊而发生的。球虫病以2岁以内的犊牛发病率较高，其发病死亡率也较高，死亡率一般为20%～40%，而成年牛感染后常呈隐性感染。犊牦牛通过被污染的草料或饮水经口感染球虫。病情严重程度主要取决于进食的卵囊量，进食卵囊数量少则不显示症状，少量卵囊的重复感染还可使宿主产生免疫力，但严重的可引起死亡。

球虫卵囊的发育需要适宜的温度和湿度。因此牦牛球虫病一般多发于5～9月，通常为季节性散发。在低凹潮湿、多沼泽草场上放牧的牛群最易发病。冬季舍饲期间亦可发病（饲草黏附卵囊）。目前牦牛的球虫感染率较高，有研究调查显示，西藏林芝、山南和日喀则3个地区牦牛的艾美耳球虫总感染率为43.93%，共检测出11种艾美耳球虫，其中邱氏艾美耳球虫和椭圆艾美耳球虫为优势虫种，以2种球虫的混合感染率最高，感染率为11.30%。

【临床特征】牦牛球虫病的潜伏期为2～3周，犊牛一般为急性经过，病程为10～15d，发病初期，病牛精神沉郁、被毛粗乱，体温正常或略微升高，粪便稀薄并混有血液，个别犊牛于发病后1～2d死亡。约1周后症状加剧，精神委顿，食欲废绝，消瘦，喜卧，体温增高到40～41℃，胃肠蠕动微弱或停止，下痢，便中带血和黏膜，最后脱水、贫血导致机体机能紊乱而死亡。

发病的多为急性型，但也有慢性型。犊牛患病后一般为急性经过，病程通常为10～15d，但也有发病1～2d即死亡的。慢性者可能长期下痢，消瘦，贫血，最后死亡。

【病理剖检】病犊牛消瘦，可视黏膜苍白，肛门周围和后肢被粪便污染。剖检病死牦牛，可见肠黏膜增厚，有卡他性或出血性炎症变化。黏膜上散布点状、索状出血点和大小不等的白点或灰白点，并常见直径为4～15mm的溃疡，其表面覆有凝乳样薄膜；淋巴滤泡肿大；直肠内容物呈褐色，恶臭，有纤维性伪膜和黏膜碎片。心、肝、脾、肾等未见异常。病犊牛消瘦，可视黏膜苍白，肛门周围和后肢被粪便污染，肠道发生坏死性炎症，内容物稀薄混有血液，淋巴肿大。

【诊断要点】根据本病的流行病学特征、临床症状和病理变化等方面作综合分析；镜检粪便和直肠刮取物，发现卵囊是确诊的主要根据。临床上以血便、粪便恶臭、剖检时见直肠有特殊的出血性炎症和溃疡最具有诊断意义。临床上应注意球虫病与大肠杆菌病、副结核病、沙门菌病、轮状病毒病、肠炎等的区别。大肠杆菌病多发生于刚出生数日内的犊牛，而球虫病则多发生于1个月以上的犊牛，大肠杆菌病的病变特征之一是脾脏肿大。慢性球虫病与副结核病有某种相似之处，但后者的病程很长，体温不升高，粪中间或有血丝。犊牛弓首蛔虫等引起腹泻，可在粪便中查到特征性的虫卵。

【防治要点】

（1）预防措施　根据不同地区的气候特点，建议每年合适季节，如夏季和初冬各进行1次针对球虫的药物驱虫或在饲料中添加抗球虫药物，如盐酸氨丙啉、磺胺二甲嘧啶、盐酸氯苯胍、莫能菌素等。若临床中发现犊牛有以出血性腹泻为主要症状的疾病，用抗菌、抗病毒药物治疗无效，且病程较长，应怀疑为球虫感染，应立即取犊牛新鲜粪便或直肠刮取物镜检，确诊后及时进行驱虫治疗。

（2）治疗措施　治疗牛球虫的药物有两类，一类是化学合成的抗球虫药，如盐酸氯苯胍、盐酸氨丙啉、磺胺类药物等；另一类是聚醚类离子载体抗生素，如莫能菌素、盐霉素、拉沙里菌素等。

第四章 牦牛其他病防治

第一节 引进牛高原病

高原环境属于一种特殊的自然环境。海拔高度会对生物产生明显的生物学效应，在生物医学领域，将海拔超过 3000m 的面积广阔的地区称为高原地区，与平原地区相比，高原地区海拔升高，气压下降、氧分压下降，具有低氧、低压、低温、强紫外线等特殊性。动物从世居的平原进入高原后，高原环境中气压下降和氧分压下降等因素将对动物机体产生一系列影响，为适应这种缺氧、低压、强辐射的特殊高原环境，动物机体各系统以多种层次、不同方式对这些环境因素的影响产生响应。其中，动脉氧分压、血氧饱和度等生理指标发生改变而引发动物体的代偿适应性改变。动物机体对高原特殊环境的适应程度有一定的范围和限度，如果高原环境的改变幅度超出了此范围和限度，就会引发机体对环境改变的响应失调，导致各种不协调和不适应状态，表现为各种病理性改变，甚至死亡。

【病因】把平原生长较快的牛种引入高原时，如果管理不当，使其受寒、剧烈运动等即可诱发本病。

【临床特征】患牛出现食欲、饮欲减退；腹胀腹泻，粪便一般偏黑，偏稀，有的为白色黏稠物，里面混有鼻涕状黏液；呼吸困难，咳泡沫痰；有的出现心功能不全，两肺听诊可有干、湿啰音。全身脱水现象明显。神经症状主要表现为精神沉郁；有的牛喜欢后退，有时突然身体倒地、仰头晕倒、抽搐、死亡。

【病理剖检】剖检可见患牛肺水肿，有的胸腔有积液，右心扩张。有的牛在脖子至前胸处有水肿现象，指压留痕，皮肤弹性降低，穿刺可引流出淡黄色液体。后期水肿部位变硬，变硬的部位有片状柔韧物，取出后为白色，质地坚韧，手术刀难以切开。其它部位皮下也常常有水肿，甚至水肿液集聚在皮下。如果水肿液中有过多的纤维素，病程长者，水肿液被吸收，纤维素附着在皮下，犹如脂肪。肝水肿，体积增大，切面外翻，流出多量液体。

【发病机理】缺氧导致肺动脉高压，从而肝瘀血、水肿。水肿首先发生在身体的下垂部位，如下肢、下颌部等。严重时出现胸腔积水和腹腔积水。因肺动脉高压，肝脏回心血量减少，造成肝瘀血和水肿，进一步加重造成腹腔积水。可能伴有黄疸等症状。由于腹腔脏器瘀血，肠壁可能出血，造成粪便色泽加深并伴有腹泻，如果肝细胞受损严重，可能引起胆汁生成减少，导致粪便发白。如果伴随有肺脏或其他呼吸道疾病（如下颌至脖颈水肿，使呼吸道狭窄，引起通气量减少），可加重缺氧。如伴随胸腔积液，可让回心血量进一步减少，加重缺氧症状。由于大脑耗氧量大，占机体总耗氧量的20%～30%，大脑皮质对缺氧的耐受性最低。急性缺氧时，最初发生脑血管扩张、血流量增加和颅内压升高，大脑皮质兴奋性增强，出现头痛和步态不稳等症状。后期ATP生成减少，脑细胞膜钠泵功能障碍，细胞内钠、水潴留，发生脑细胞水肿、坏死等变化，引起神经症状。

【防治要点】预防呼吸道疾病的发生。避免感冒、肺丝虫、支原体等损害呼吸道和肺脏的疾患。肝脏病变可加重腹腔积水和缺氧，如肝片吸虫等，因此，建议引进牛犊后，首先驱虫，并且冬春交际和秋冬之际应做 2 次常规驱虫。引进动物，需要一段时间适应高原环境，适应期少驱赶，少运动，饲料营养应丰富，另建议补充含铁制剂（如牲血素）等。此外，可借助鼻吸式一体化高原牛用氧舱，帮助牛缓解高原病症。在西藏海拔较高的地方引进动物，建议在夏季引进，如在秋、冬、春季节引进，气温较低，会加重缺氧。

第二节　应激综合征

应激是动物机体对体内外环境变化刺激的一种适应性反应。当动物受到的应激刺激过强或者刺激时间过长，机体的新陈代谢反应不足以抵抗应激刺激时，机体就会出现不良反应，生产性能降低，甚至出现衰竭和死亡现象。应激综合征则是指动物对体内外因素刺激所产生的非特异性应答反应之和，只是一种应激反应，而不是一种单独的疾病。

【病因】引起应激的刺激称为应激原，凡是能引起畜禽疾病的各种内外因素都可看作是应激原，例如运输、热、冷、缺氧、拥挤、混群、免疫反应、断奶、饲养管理不当等。

【临床特征】动物发生应激综合征的临床症状是多种多样的。依据应激的性质、程度和持续时间，以及动物所呈现的各种特异的症状和病理变化来区分，大致可以归纳为以下几种类型。

猝死性应激综合征也叫突毙综合征。牦牛遭受强烈应激原的刺激时，无任何临床症状而突然死亡。牦牛被追赶时过于惊慌，在用车辆或船舶运输时过度拥挤或恐慌等，都可能由于神经过度紧张，交感-肾上腺系统受到剧烈刺激而活动过强，从而引起休克或血液循环系统功能衰竭，发生猝死。

急性应激综合征主要表现为下述几种类型。

1. 恶性过热综合征

主要原因为运输应激、热应激和拥挤应激。在运输途中的动物遭受过热刺激，常易发生大叶性肺炎，出现全身颤抖，呼吸困难，可视黏膜发绀，皮肤潮红或出现紫斑，肌肉僵硬，体温升高等症状，严重者可出现死亡。

2. 全身适应性综合征

牦牛遭受饥饿、严寒、惊吓、中毒及预防注射等因素刺激，引起应激系统复杂反应，主要表现为警戒反应的休克相，精神沉郁，肌肉松弛，血压下降，体温降低。

3. 慢性应激综合征

应激原对动物的刺激强度不大，但持续或间断反复刺激依然会引起应激反应。在实践中，这种情况容易被人们忽视。由于动物不断地产生适应性应答反应，逐渐形成不良的累计效应，从而致其生产性能降低，防卫功能减弱，容易继发感染，引发各种疾病。这类疾病主要是营养或感染因素与免疫应答相互作用的现象，实践中比较常见。犊牛表现为生长发育受阻甚至停滞，奶牛则会出现产奶量减少，奶品质下降。

【病理剖检】发生急性应激反应时，机体微循环灌流量减少，组织细胞缺氧，无氧酵解增加，使乳酸等酸性代谢产物蓄积并引发代谢性酸中毒。急性应激反应的典型病变是心肌广泛出血和变性，肌肉出现水肿、变性坏死及炎症。如果死亡可见到心脏肥大、肾上腺肥大、胃肠溃疡等变化。发生慢性应激反应时，病牛胃分泌和运动受到抑制，特征性表现是出现胃溃疡。应激反应较长时，可导致机体胃肠道缺血，胃肠黏膜上皮细胞变性或坏死。

【发病机理】应激反应的主要反应途径如下：应激因子刺激畜禽的神经末梢感受器，应激刺激传入下丘脑，下丘脑接受神经刺激，引起兴奋，调节垂体生理活动，使垂体分泌促肾上腺皮质激素，进而增强肾上腺分泌活动，促进糖皮质激素、醛固酮、去甲肾上腺素、肾上腺素等激素的分泌，引起机体新陈代谢变化，以对抗应激反应带来的不利影响。

【防治要点】治疗患病牛，首先应尽力消除可能引发应激的所有因素，诸如比较常见的拥挤、突然断奶、更换饲料、忽冷忽热、潮湿闷热、空气污浊、噪声及骚扰等应激因素；对于精神紧张、惊恐不安的病牛，可肌内注射氯丙嗪、巴比妥、盐酸苯海拉明等镇静剂治疗。并且保持牛舍环境凉爽、通风，提供优质、营养全面、易消化的饲料。改善饲养管理条件，努力减少或消除应激因素，在饲料中适当添加电解质、微量元素、免疫增强剂和多种维生素等，有效调节因应激反应造成的新陈代谢失衡和电解质紊乱，在抓捕、驱赶、运输牛群时，要温柔小心，不可粗暴对待。通过临床观察、血型鉴定，淘汰应激敏感群，或者和本地抗性强的牦牛杂交选育，培育出抗应激品种。

第三节　胃肠炎

牦牛生活在青藏高原地区，海拔高、天气变化较大，尤其是冬春交替、秋冬交替季节，气温起伏较大，容易造成牛应激发病，而胃肠炎就是季节交替之时常见的一种疾病。胃肠炎是牛养殖中常见的疾病，诱发胃肠炎的原因是多样且复杂的，如果不能根据临床发病症状很好地找到其发病原因，进而采取科学的治疗措施，很容易造成误诊、诊治不及时等问题，对患病牛正常生长发育造成不良影响，甚至威胁牛的健康。

【病因】 牛胃肠炎主要分为原发性胃肠炎和继发性胃肠炎两种。引起牛胃肠炎的主要病因在不同类型中不同。

引发原发性胃肠炎的因素通常较为复杂，能引起胃肠黏膜表层性炎症的致病原因都能导致原发性胃肠炎。在养殖过程中，当牛长时间处在质量不佳的环境中，营养、健康和身体抵抗力等方面问题易引起牛胃肠炎。同时，季节的变化或极端天气等都可能使病牛的身体处在某种应激的情况中。另外，能诱发牛应激状态的某些原因也可能是本病出现的原因。此外，部分牛在养殖和生长过程中，其免疫力和健康状态相对较差，身体机能和器官功能存在很大不足，抗病性下降，这容易引发胃肠炎。此外，在饲养过程中，如果长期投喂量不足，会导致牛营养不良，抵抗力下降，从而诱发胃肠炎。

继发性胃肠炎多见于副结核病、牛瘟等传染病及症结之后，急性胃扩张、肠便秘等内科病和寄生虫病也易继发胃肠炎。

【临床特征】牛患胃肠炎之后，会有一系列的临床反应。最初会出现精神不振、食欲下降、饮水量大幅增加。胃肠黏膜逐渐充血、出血或瘀血，随后又变成青紫色。口腔和鼻孔表面干燥，会有难闻的恶臭气味从牛的鼻腔中散发出来，此时舌苔呈现黄白色。此外，病牛鼻端发凉，同时出现腹痛症状，其站立时间远远短于卧地时间。主要症状是腹泻，病牛的粪便稀软，含有大量液体，并带有强烈的腥臭和恶臭气味。除了血水和黏液，还可见黏膜细胞，这表明病牛的肠道有损伤。疾病进展到急性胃肠炎的后期，如果炎症主要发生在胃肠功能部位，病牛的肠音会逐渐减弱甚至消失。病牛可能出现大小便失禁的现象，也可能出现排便困难，即由于努责（用力排便的动作）不足，粪便难以排出。如果炎症发生在小肠内，病牛主要表现为大肠音减少，排出干且硬的粪便，排便时间较短，并伴有便秘现象。如果症状进一步加重，病牛开始出现腹泻，这也意味着脱水程度加重，甚至可能导致病牛死亡。然而，并非所有发生在胃部和小肠的病变都会导致腹泻。在病牛发病末期，症状持续加重，表现为眼球下陷，口色发红，角膜变暗淡，皮肤干燥，失去弹性，毛无光泽。排尿次数减少，尿量减少，尿液颜色加深，血液浓稠。由于循环功能障碍，肾功能受到严重损害，可能出现尿毒症。此时，病牛可能发生肌肉抽搐和痉挛，并最终陷入昏迷而死亡。继发性胃肠炎通常表现为原发疾病的临床体征，随着原病症状逐渐加重，急性胃肠炎的症状逐渐显现。

【诊断要点】对牛胃肠炎的诊断比较复杂，需要参考多项指标和方法对其进行判断，各项资料显示，单一诊断方式不仅不能有效诊断，甚至可能出现误诊。为了减少诊断的疏漏，其诊断应从以下方面着手。

1. 观察病牛情况

胃肠炎发病初期，大部分牛会精神萎靡、活力下降等。患有胃肠炎病症的牛，进食量逐渐缩减，因营养摄入量不够，导致牛身体机能无法持续运转，最终病症严重化。

2. 观察粪便状况

胃肠炎发病后，牛的消化功能被严重破坏，消化能力下降，养殖人员可观察病牛粪便情况是否与寻常存在差异，若差异明显，说明患牛有持续恶化的现象。

3. 观察昏迷情况

胃肠炎病症严重时，极有可能导致患牛昏迷。养殖人员一旦发现昏迷情况，应及时诊治，根据实际情况采取相对应治疗措施，防止牛突然死亡。

【防治要点】

1. 预防措施

（1）清洁和消杀　日常养殖工作进行时，要注意为牛的生长创造良好环境，展开消毒清洁工作，及时清除环境中存在的各种污染物，并进行无害化处理。

（2）加强饲养管理　养殖过程中，要结合牛品种、体质、体重等，做好合理的分群，并且控制好饲养密度，为牛后期的生长发育奠定良好基础。

（3）加强养殖工作人员的培训　科学地预防牛疾病，强化对饲养管理人员的教育工作，使其加强对防疫知识的学习，掌握牛胃肠炎的实际特征、病因等，保证能够及时地发现养殖过程中出现的疾病并做出反应，第一时间采取有效防控措施。

2. 治疗措施

（1）中医治疗方法　结合不同类型牛胃肠炎临床症状从中医方法来进行牛胃肠炎疾病的治疗。

（2）西医治疗方法　清理胃肠道可让患病牛口服液体石蜡100mL或者内服5L 0.1g/mL的硫酸钠溶液，一次性灌服。抑制细菌繁殖生长，消除轻症炎症可以内服0.1%的高锰酸钾溶液3～4L，每天使用2次。也可内服磺胺脒30g，每天使用2次。

第四节　前胃弛缓

由各种病因导致前胃神经（迷走神经）兴奋性降低或交感神经兴奋性增高，从而引起前胃肌肉收缩力减弱，瘤胃内容物运转缓慢，微生物菌群失调，产生大量发酵和腐败物质，引起消化障碍，食欲、反刍减退，精神沉郁，体温变化差异明显等，导致全身机能紊乱。

【病因】

1. 食用劣质饲料

牦牛生长在海拔高、气候寒冷的高原地区，相对于平原地区来说，牦牛生长的自然环境导致牦牛可食用的饲料比较单一，同时在牦牛的饲料存贮方面来说，存储不当则会导致牦牛饲料变质。长期食用变质饲料或者食用单一营养的饲料可使牛前胃感受器受到损害，严重影响牦牛的神经机能，最终导致牛前胃各个部分机能之间的有效协调性减弱，胃内各种消化液对饲料的消化性能减弱，使胃内容物与消化液之间的平衡性被破坏，胃内容物无法正常分解。向牦牛喂食时，如果没有营养搭配合理的饲料，牦牛长期进食单一营养饲料，会使牦牛缺少机体自身必要的能量、维生素及微量元素，影响牦牛的前胃功能，导致牦牛前胃无法发挥正常功能，出现前胃弛缓现象。

2. 外界气候因素

牦牛的进食情况会受到气候变化因素的影响，气候骤变，会导致牦牛自身处于应激状态。在这种状态下，牦牛的前胃神经受到抑制，出现功能性失调，导致前胃弛缓发生。

3. 饲养方式的更换

突然改变牦牛的饲养方式，对牦牛的消化机能同样会造成一定的影响。例如：改变牦牛饲料种类，将容易消化的饲料变更为质地坚硬的饲料，饲料适口性差，牦牛也会减少食用，从而造成前胃弛缓。

【临床特征】患病牦牛出现前胃弛缓后，最典型的临床症状为精神萎靡不振，采食量逐渐下降，直到停止采食，患病牦牛还会出现明显的磨牙现象，呼吸不均匀，呼吸急促。触诊瘤胃区，瘤胃内容物松软，并存在间歇性的瘤胃臌气症状。发病初期患病牦牛的排便量变化不大，但随着患病时间的增长，排便量逐渐减少，排便次数逐渐增加，粪便坚硬，呈现球状，发病严重时还会引起一系列的便秘症状。便秘症状缓解后又会出现腹泻症状，排出水样稀便，恶臭难闻，随后腹泻和便秘交替出现。病情加重后，患病牦牛精神极度沉郁，卧地不起，被毛杂乱，皮肤干燥失去弹性，不断嗳气，口腔中呼出恶臭气味，行走无力，行走时左右摇摆，临死前患病牦牛会出现极度的贫血症状，最后衰竭死亡。

【病理剖检】解剖病死牛发现，其瓣胃及瘤胃胀满，有瓣胃下垂现象。瘤胃内容物很干燥，用手搓捻很容易形成粉末，瓣胃及瘤胃交界处的黏膜潮红，严重的有血斑。

【诊断要点】在疾病诊断过程中，应与养殖管理人员进行有效沟通交流。要深入分析患病牛在发病前的采食情况，是否存在过异物，圈舍周围或者放牧地周围是否存在塑料袋。治疗初期，患病牛能正常采食，停药后食欲逐渐下降，直到停止采食，随后继续采取措施进行治疗，没有取得很好的治疗效果。进一步检查发现患病牛左肷窝部位有充实感，叩诊该部位呈现实音，用手反复触摸左肷部位，触摸到坚硬的物质。听诊瘤胃蠕动音逐渐减弱，直到停止。根据上述症状可判断牛采食异物引发前胃弛缓。

【防治要点】日常养殖中应加强饲料管理，科学调制饲料，科学保管饲料，避免向牦牛群投喂发霉变质的饲料，同时还应该确保饲料中营养价值全面，粗饲料、精饲料搭配合理，加强牦牛群饮用水管理，增加牦牛运动量，提高机体抵抗力。对患病的牦牛应该精心饲养，避免向牦牛群继续投喂坚硬、营养价值较差的粗饲料，要确保有充足的饮用水供给，投喂容易消化的多汁饲料或优质青干草。牛舍要干燥、空气流通，做好环境卫生，定期消毒，有效防范不良应激因素对牦牛胃部系统造成影响。

第五节　瘤胃臌气

瘤胃臌气是牛的一种常见急性疾病，夏秋两季多发。瘤胃臌气发病快、死亡率高，若不能及时发现和治疗，易导致牛死亡。瘤胃臌气也被称为“肚胀气”，主要是由一次性过量进食豆科牧草、青绿饲料等易于发酵产气的草料引发的，患病牦牛会出现明显的腹围膨大，剧烈疼痛。

【病因】 造成牛瘤胃臌气的原因一般可分为两种，即原发性原因和继发性原因。牛胃内容物在发酵作用下产生的大量气体会不断对胃壁黏膜产生刺激，使牛胃发生持续的痉挛性收缩，最终出现疼痛症状。尤其是特别严重的牛瘤胃臌气病例，会使牛出现膈位前移，病牛表现出心跳加剧、呼吸困难、站立不稳，救治不及时可发生窒息死亡。

原发性瘤胃臌气，主要是因牦牛一次性进食过量豆科植物、易发酵饲料、嫩叶多汁青草、有露水牧草、变质饲料、毒草等造成，春末夏初是原发性瘤胃臌气的高发季节。继发性瘤胃臌气，大多继发于前胃弛缓、创伤性网胃炎、食管阻塞等疾病。

【临床特征】 牛患瘤胃臌气后，食量显著下降，严重出现拒食现象，病情发展迅速，左腹围突然增大，且左肷窝见明显突起，反刍和嗳气很快停止。

1. 原发性牛瘤胃臌气

该病常发生在牛采食之后，发病表现为，牛腹部迅速膨胀，腿部的左侧有明显突起，腹痛不安、踢腹或者回顾后肢等。同时，病牛结膜呈现青紫色，食欲不振，呼吸困难，但是体温相对正常。如果病情较为严重，会表现伸舌、流涎、流汗、眼球突出、难以站立等病症，病牛多因窒息或心脏麻痹而死亡。

2. 继发性牛瘤胃臌气

该型和原发性病症较为相似，但是病情发展缓慢，采取有效治疗措施能够缓解病牛症状，通常为原发未愈类型疾病重复发病导致，也可称为间歇性臌气。

【病理剖检】对发生瘤胃臌气的病牛进行解剖，发现瘤胃壁过度扩张甚至破裂，膈肌撕裂；胃内出现大量泡沫内容物。腹腔黏膜瘀血，浆膜下出血；头部淋巴结、心外膜充血和出血；肺部充血，颈部气管充血和出血；肝脏脾脏贫血。

【诊断要点】患有瘤胃臌气的肉牛死后，其腹部、胸腔等部位隆起。对病死牛进行解剖，可见瘤胃肿胀，其中充满气体与黑色内容物，气味恶臭；有时可见瘤胃黏膜水肿、糜烂、出血和溃疡；胃壁粗糙，瘤胃内容物中有白色黏液及大量泡沫；有大量的血液瘀积在瘤胃内；肠内容物呈乳白色，光滑无黏液；肠黏膜有较多暗红色的出血点及溃疡，粪便常呈灰白色，有时带血；肝脏水肿，肝脏表面有出血斑和出血点；脾脏肿大。

【防治要点】

1. 预防措施

为降低牦牛瘤胃臌气发病率，养殖人员要高度重视预防工作。强化饲养管理工作，完善饲养管理制度，做到定时、定量、定人喂食，形成良好的饮食习惯，饮食后禁止立即饮水、劳作。加强营养补充，定期在饲料中添加维生素、蛋白质、矿物质、微量元素，满足牦牛生长对多种营养物质的需求，提高牦牛抵抗力，有效降低发病率。

2. 治疗措施

①按摩疗法：针对症状较轻的病牛，建议采用按摩疗法。②西药治疗：西药治疗时，可皮下注射氯化氨甲酰甲胆碱注射液，按照0.03mL/kg体重剂量使用；或内服鱼石脂20g＋白酒150mL＋温水500mL混合液；或灌服硫酸镁500g＋液体石蜡油1000mL＋松节油35mL。③穿刺疗法：针对症状较急较重的病牛，可采用穿刺疗法。

④洗胃疗法：洗胃疗法，是牛瘤胃臌气治疗时常用的方法。⑤中医疗法。⑥手术疗法：针对上述方法治疗无效的病牛，可行瘤胃切开术予以治疗。

第六节　瘤胃积食

瘤胃积食在临床上又被称为瘤胃食滞、急性消化不良或者急性瘤胃扩张等，在中兽医中又被称为“宿草不转”，主要造成患病牛食欲降低、反刍异常、精神萎靡、腹部明显疼痛、频繁摆尾和不停呻吟等。该病虽然不属于传染性疾病，但在实际的饲养过程中，发病率非常高，尤其是在年老体弱的牛群中更容易发生，舍饲耕牛的发病率也非常高，但该病的致死率相对较低。

【病因】

1. 饲养管理不当

在牦牛养殖中饲料的营养价值对牦牛健康生长有着极其重要的影响。作为饲养管理人员，在确保饲料干净卫生整洁的同时，还应对饲料进行科学管理，定时定量地向牦牛投喂饲料。如果牦牛在短时间内采食大量粗饲料或饲料投喂不及时，牦牛因为过度饥饿会过量采食，造成大量饲料堆积在瘤胃中不能正常向下运转，在各种微生物发酵作用下，瘤胃中的内容物会异常发酵，产生大量酸性物质。此外过量的碳水化合物，大量有毒有害的饲料也是引发该种疾病的一个主要原因。很多养殖人员在配合饲料时没有分析饲料成分，经常将一些燕麦掺入饲料中，进而造成该种疾病高发。

2. 食物中毒

食物中毒是造成高原地区牦牛瘤胃积食的一个主要原因。牦牛在放牧养殖或在养殖场养殖管理中，如果突然采食含有大量有毒有害物质的饲料或含有碳水化合物的饲料，会造成瘤胃壁严重扩张，最终引发瘤胃积食。此外在牦牛日常养殖中，牦牛饲料的摄入量也与瘤胃积食的发生有着密切联系，如果牦牛在短时间内采食大量燕麦、小麦等物质，很可能会造成这些物质堆积在瘤胃中，不能正常向下运转。

3. 继发感染

牦牛瘤胃积食分为原发性牦牛瘤胃积食和继发性牦牛瘤胃积食。原发性牦牛瘤胃积食通常和养殖管理与养殖环境有密切联系，继发性牦牛瘤胃积食主要与创伤性网胃炎、肠胃阻塞、真胃炎、某些传染性寄生虫疾病的发生有关。当上述疾病发生后，会进一步影响牦牛瘤胃的消化吸收，进而引发牦牛瘤胃积食。

【临床特征】 牛瘤胃积食本身便以发病急切著称，一般在牛采食数小时内便会快速发病，开始发病后病牛状态消沉、喜欢垂头，进食欲望大减，反刍频率也随之下降，一直到反刍行为中断。病牛持续嗳气，自其口中呼出的气体往往发散出难闻的酸臭味，有些病牛还会有空嚼行为，随着病程的推进，病牛鼻镜变得干燥，口中开始分泌一些质地黏稠的液体，需水量大增。牛体左腹部肿胀异常，以手轻柔触碰病牛会有较明显的疼痛感，内容物质地柔软，仿若面团，缓缓按压，会留下指痕，仔细听诊病牛瘤胃蠕动音，可发现声音慢慢变弱乃至直接无声。部分病牛由于胃部疼痛感太过强烈，会时不时站立又卧倒，将腰背高高拱起，粪便排泄量大减，粪便又干又硬，散发较强烈的恶臭，病牛一旦发病，若是未能给以及时诊治，很可能于短期内便显露一定的酸中毒症状，直至卧地不起，牛体衰竭死亡。

【病理剖检】急性死亡的病例，瘤胃和网胃内容物稀薄如粥样，并有一种提示发酵的特殊臭味。角化的上皮呈软糊状，易于擦掉而下面留下深色的出血表面。许多病例有明显的皱胃炎和肠炎。血液显著浓缩，变黑，内脏静脉明显突起。持续3～4d的病例，网胃和瘤胃壁发生斑块状坏死。病区胃壁的厚度比正常的厚3～4倍，增厚区很脆，刀切呈胶冻状。

【诊断要点】

1. 综合诊断

在诊断时，可以基于中医角度，并和望闻问切相结合，从而做出全面诊断。

（1）望　查看病牛整体气色。检查牦牛实际精神情况，查看其有没有精神萎靡，腹围有没有增大现象，同时查看牛鼻镜干燥程度及排便情况等。

（2）闻　倾听病牛声息，查看有没有出现呼吸不畅的问题。而且还可听诊病牛肠胃蠕动音有没有减弱、消失，这些都是诊断瘤胃积食的关键。

（3）问　可以询问养殖户牦牛的症状来做出诊断，要明确该病的发生症状，继而分析病因，了解疾病流行情况以进行诊断。

（4）切　摸脉象，查看牦牛脉象有没有出现异常情况，同时触摸其瘤胃部位，看其是否坚硬，以及在按压时有没有出现凹陷，就可以确诊。

2. 鉴别诊断

（1）与急性瘤胃臌气的鉴别诊断　发生瘤胃臌气的患牛，其腹围会出现明显的膨大，尤其是左肷部明显；触诊患牛的胃壁会有紧张感，并且富有弹性，叩诊会呈现鼓音；对其穿刺后会放出大量的气体。

（2）与前胃弛缓的鉴别诊断　通常情况下，前胃弛缓的病程较慢，且患牛的腹围无明显的变化，触诊患牛瘤胃具有坚硬感，内容物呈现粥状。

（3）与创伤性网胃炎的鉴别诊断　发生创伤性网胃炎的患牛，在行动时较为小心，并且姿态异常，但尚未穿透之前的病症均不明显，触诊患牛的网胃处会有疼痛感，同时表现为消化障碍，使用瘤胃兴奋剂后，无明显效果。

【防治要点】为防范牦牛瘤胃积食的发生，应坚持防重于治的理念，做到科学饲喂，考虑牦牛具体情况，不管使用哪种类型的饲料，都应保证适量，对牛群进行科学喂养，保证饲料投喂的定时、定点、定量、定人。在饲料采食过程中，应确保为牛群提供充足的饮用水。另外还应加强牦牛的科学运动，增加运动量，加快瘤胃消化蠕动。治疗措施：当出现牛瘤胃积食时，要及时采取措施对病牛进行治疗，以防危及生命。治疗原则是排出瘤胃内容物，使病牛的瘤胃兴奋和蠕动起来，能够排出粪便。

第七节　瘤胃酸中毒

瘤胃酸中毒（Rumen acidosis，RA）是牛采食大量富含易发酵的碳水化合物的饲料，引发微生物区系失调和功能紊乱的一种代谢性疾病。随着饲粮中富含淀粉的谷物精料或水溶性碳水化合物增多，导致牛体内产生大量乳酸，pH 值迅速下降，瘤胃内脂多糖、组胺等代谢产物含量增加，引发亚急性瘤胃酸中毒。

【病因】引发瘤胃酸中毒的因素多且复杂。本病发生的直接原因是反刍动物食入大量能量类饲料，经发酵产生乳酸，导致瘤胃局部微生态失衡；间接原因如饲养管理制度不合理、日粮结构不合理、饲喂方法不当、滥用饲料添加剂、饲养管理不到位等均可引起牛瘤胃酸中毒。牛属于反刍动物，粗纤维类饲料的消化依靠瘤胃中的益生细菌、真菌和纤毛虫等完成。反刍动物在摄食过量高碳水化合物的日粮时，日粮中的糖类在动物瘤胃中经发酵产生乳酸，引起瘤胃 pH 值降低。瘤胃 pH 值是评估瘤胃是否酸中毒的重要指标。研究表明，pH 值处于 6.2～6.8 之间为最佳，因为这时纤维分解菌最活跃；当 pH 值长时间处于 5.5～5.8 时，会积累少量的乳酸，引发亚急性酸中毒；当乳酸进一步积累，pH 值进一步下降至 5.0 甚至更低时，就会发生急性酸中毒。

【临床特征】瘤胃酸中毒可分为急性瘤胃酸中毒、亚急性瘤胃酸中毒和慢性瘤胃酸中毒。急性瘤胃酸中毒发病快，病牛食欲不振，走路蹒跚，结膜暗红，反应迟钝，心跳 100 次/min 以上。瘤胃蠕动音消失，冲击式触诊有震荡音，粪便酸臭稀软或停止排粪，尿少或无尿，病程后期眼窝下陷，个别伴有滑膜炎等关节炎症，卧地不起、后躯瘫痪、角弓反张、头颈后仰，休克昏迷，终衰竭而亡。亚急性瘤胃酸中毒病畜采食量下降，饮水量明显增强，脉搏加快（72～84 次/min），卧多立少，站立四肢抖动，常继发或伴发蹄叶炎，奶牛产奶量减少，乳脂率下降。慢性瘤胃酸中毒患牛轻度流涎，采食量下降，生产性能降低。

【病理剖检】通过病理学解剖的方式，对因瘤胃酸中毒病死的牛进行解剖，能够发现病死牛的病变部位主要集中于消化道位置，消化道存在明显的出血充血，瘤胃的病变十分明显，其中存在一些脱落的黏膜组织和未充分消化的内容物，肠道水肿明显。

【诊断要点】

1. 观察临床症状

本病发病急，病程短，常无明显前驱症状，多于采食后3～5小时内死亡。慢性者卧地不起，于分娩后3～5h瘫痪卧地，头、颈、躯干平卧于地，四肢僵硬，角弓反张，呻吟，磨牙，兴奋，甩头，而后精神极度沉郁，全身不动，眼睑闭合，呈昏迷状态。

2. 剖检病死牛

消化道广泛充血、出血，瘤胃上皮水肿、出血，瘤胃内容物酸臭。

3. 实验室诊断

病牛血液二氧化碳结合力降低，尿pH也降低。结合临床症状可以确诊。

4. 鉴别诊断

因本病多发生于分娩后，有瘫痪卧地症状，所以极易与产后瘫痪混淆。其区别：产后瘫痪颈部呈S型弯曲，肢体末梢知觉减退，通常无躺卧、腹泻和神经兴奋症状，钙剂治疗效果显著，多于治疗后1～2d痊愈。

【防治要点】预防本病需加强巡场观察，及时发现病牛的异常，从而能够在早期用药治疗，将疾病消灭在萌芽阶段。定期配合使用碱性药物，添加小苏打或氧化镁等，在使用剂量上不宜过大，否则会导致瘤胃菌群的平衡失调。严格控制牛的日粮组成结构，控制精料和粗料的比例，精料一般不要超过总日粮的35%；同时做好牛场的综合性管理，牛场应慎用有机酸，尤其是经常有病例出现的牛场，有机酸主要在清理水槽和防控口蹄疫时使用，一定注意使用剂量。

牛瘤胃酸中毒主要以纠正机体水和电解质失衡、加强补液、加速内容物排出、清理肠道、恢复瘤胃蠕动机能为主要治疗原则。牛瘤胃酸中毒发病初期和中期阶段，血糖水平会显著升高，此时以补充盐分为主。选择使用5%的葡萄糖生理盐水1000mL一次静脉注射，3h后再进行1次，直到酸中毒症状有所缓解为止。

第八节 瓣胃阻塞

瓣胃阻塞是非常严重的前胃运动机能障碍性疾病。瓣胃是前胃的重要组成，如果收缩机能减弱，会造成瓣胃内的食物不能被顺利排出，瓣胃的肌肉就会不断收缩，最终麻痹。同时积聚在瓣胃中的食物也会对瓣胃内的小叶造成压迫，导致小叶压迫性坏死，最终瓣胃的食物无法排出，严重影响消化系统的正常功能。

【病因】

1. 原发性原因

牛采食后，饲料会在牛的瓣胃中消化和分解，当牛采食腐败变质、易发酵、带有露水的饲料以及一些不易消化的饲料时，导致胃部的食物残渣积攒，从而发生瓣胃阻塞。

2. 继发性原因

是由先发生的某种疾病引发的该病。例如，常见的食管阻塞、慢性腹膜炎、痉挛或麻痹、腹膜与瓣胃粘连、创伤性网胃炎等疾病都很容易引发瓣胃阻塞。

【临床特征】

1. 发病前期

患瓣胃阻塞的病牛初期会表现为精神不佳、食欲下降、反刍次数减少，并伴随胃肠道消化不良、蠕动减弱、腹痛、呻吟、拱背、长时间卧地、无法正常站立、泌乳量下降等症状。瓣胃蠕动能力逐渐减弱，触诊左侧肋弓，病牛出现疼痛躲避检查现象。

2. 发病中期

发病中期主要表现为磨牙、食欲下降、停止反刍、蠕动完全停止、瘤胃胀气。病牛机体消瘦、眼窝深陷、鼻镜干燥、舌呈红紫色、舌苔泛黄。体温升高，但耳、四肢、尾巴温度下降，排少量黑色粪便且附着血丝黏液，并散发严重的恶臭味，部分病牛患病中后期停止排粪，出现顽固性便秘。

3. 发病后期

表现为精神不佳、体质弱、长时间卧地不起、肌肉持续性战栗、心跳呼吸加快、呼吸困难、体温明显下降，并表现出严重的痛苦呻吟、脱水现象，最终由于机体衰竭而死亡。

【临床检查】 瓣胃听诊发现蠕动音减弱，甚至完全停止。瓣胃叩诊，发现叩诊区明显增大，从原来的7～9肋间肩关节上端水平线上下范围向后扩大至11～12肋弓内侧，严重时甚至扩大至13肋弓前后，重叩会产生明显疼痛。主要是触诊瓣胃阻塞点时，如果瓣胃阻塞体积明显增大，可在病牛右侧腹部触摸到两处明显的膨大阻塞体，有利于快速确诊瓣胃阻塞。

【诊断要点】 瓣胃阻塞通常与前胃弛缓、瘤胃积食、瘤胃臌气、酮病的临床症状较为相似。饲养人员应仔细区别疾病间的区别。与前胃弛缓相比，二者皆表现为采食量下降、反刍减弱、瘤胃蠕动力降低等症状。但前胃弛缓还表现为磨牙、左肋部明显下陷，但不会出现瘤胃膨胀、鼻镜龟裂等症状。患瓣胃阻塞的奶牛会排出少量黑色的粪球或稀粪，且粪便中会有血丝或凝血块，粪便异味严重，听诊、叩诊左侧肋部，可听到明显的铿锵声。与瘤胃积食相比，瘤胃积食诊断可发现半浊音或浊音，病牛呼吸急促，心跳加速。与瘤胃臌气相比，患瘤胃臌气的病牛左肷部膨胀明显，胃壁弹性增加，按压不会留下指痕，但叩诊可听到明显的鼓音，穿刺后也会排出大量气体。与瓣胃阻塞相比，酮病一般发生于奶牛分娩后两周左右，主要表现为病牛呼出的气体带有酮味。机体体液及分泌液中酮体水平升高，血糖水平下降。触诊后可发现瘤胃空虚、食欲下降、反刍和泌乳完全停止。

【防治要点】牦牛瓣胃阻塞原因复杂，病程长，在农牧民日常饲养中，需要早发现早治疗，治愈率较高。治疗以排出瓣胃内容物和增强前胃运动机能为原则，以灌服泻剂作为主要治疗手段，同时充分补液，加强护理。治疗时要采取综合措施，标本兼治，既要坚持以泻下为主，同时要注意补液、补碱，纠正自体中毒，恢复胃肠机能，还要加强护理。

第九节　维生素A缺乏症

维生素A是牛体内一种重要的微量营养素，对机体繁殖性能、生产性能以及免疫等各方面都具有非常重要的作用。随着集约化饲养方式的普及，日粮中青饲料的比例不断降低，牛容易患维生素A

缺乏症。该病是养牛过程中常见的一种慢性营养代谢障碍疾病，主要是长时间摄取维生素A不足引起的。各个年龄段的牛都能够发生，其中以3～5月龄的犊牛易发，常见于冬春季节。

【病因】

1. 外源性

动物只能够依靠外源获取维生素A，也就是主要通过采食饲料来获取。如果牛长时间饲喂维生素A、胡萝卜素水平较低或者缺乏的饲料，就会导致维生素A相对缺乏，从而发病。

一般来说，牛饲喂品质低劣的饲草料，如初夏时节生长不良的青草、夏秋季节交替连绵阴雨时收获的饲草料，或者饲草料在加工调制过程中破坏其中所含的胡萝卜素；谷物（除黄玉米外）和青贮饲料在长时间保存过程中，遭受雨淋、日晒以及堆积发热等，由于发生氧化而使胡萝卜素活性消失，都能够引起发病。

另外，牛的饲养环境不良也可引起维生素A缺乏症。如饲养管理条件较差，舍内污秽不洁、温度过低、通风不良、过于潮湿、缺少光照、饲养密度过大以及运动不足等因素，都能够引起发病。

2. 内源性

主要是机体对维生素A或者胡萝卜素的吸收、利用、转化以及储存出现障碍引起的。

当牛体内维生素D_3较少时，就会影响维生素A或者胡萝卜素的吸收、利用、转化、储存；饲料中没有足够的脂肪，也会影响肠道中维生素A或者胡萝卜素的溶解和吸收；饲料中蛋白质水平较低，会导致肠黏膜上酶的活性消失，从而无法形成相应的载体蛋白用于运输维生素A；缺失某些物质，如微量元素钴和锰以及无机磷、维生素C、维生素E，也会对体内胡萝卜素的转化和储存产生影响；机体患有肝脏疾病或者胃肠道疾病而影响维生素A的吸收，阻碍胡萝卜素的转化，储存能力减弱；长时间发生腹泻和患有某些热性疾病，会促使机体排出较多的维生素A，同时消耗也有所增多。

【流行特点】各个年龄段的牛都能发病，其中以3～5月龄的犊牛易发，一年四季均可发生，但常见于冬春季节。

【临床特征】

1. 失明症

维生素A是视紫红质合成的必需原料，当维生素A缺乏时，视紫红质的合成发生障碍，使视觉功能发生异常，由夜盲症到双目失明。这种症状多发生于犊牛，年龄越小，发病率越高。而且本病的发生具有季节性，通常是在早春季节发生，发病率约为3%。本病的发生主要是由于在犊牛期间吃奶较少，后来采食的玉米中胡萝卜素失活，并且没有在饲料中添加多维，牛采用舍饲的方式进行饲喂，没有进行放牧，导致牛采食不到青草而引起维生素缺乏。病牛最初发病时表现为在光线不足时，看不到物体，头和嘴常碰到周围的物体，眼结膜干燥，不能见光；眼球突出于眼眶，瞳孔散大；晶状体呈蓝色，失明。如果长时间失明，会导致中枢神经系统出现问题，使得病牛肌肉出现痉挛，不能站立和行走，瘫痪；病牛还表现被毛粗乱，没有光泽。

2. 瘫痪症

多发于年轻力壮的牛，病牛生长发育处于快速阶段。本病多发生在冬季和早春季节，通常发病率为3%～5%。其发病多是由于在饲养中用酒糟等喂牛，而酒糟中的矿物质元素含量不足，在饲喂过程中并没有额外添加微量元素，这就引起发生维生素A缺乏。牛长期圈养，很少晒太阳，这样其皮肤内的7-脱氢胆固醇就不能活化成为具有活性的维生素D，维生素D是钙的代谢活化剂，其不足会影响钙的吸收。病牛在发病时表现为站立不稳，不愿行走，食欲下降和前胃弛缓等症状。发病严重的病牛表现为周身疼痛，肌肉出现痉挛，尤其是前肢表现为僵直状态，对其进行驱赶时，其虽能勉强站立，但极为不稳，左右摇摆，有时会突然倒地，长卧不起。

3. 生殖机能障碍

母牛如果出现维生素A缺乏，会表现为繁殖率下降、生长发育缓慢等情况。当母牛处于妊娠期时，缺乏维生素A可缩短其妊娠期，在生产时表现为胎衣不下等情况，还会产死胎和弱胎，有时产出的胎儿因视神经受到损伤，而表现为失明状态。

【病理剖检】维生素C缺乏症除鼻头皮肤充血、出血、变红以及齿龈充血、出血外，还有真胃黏膜充血出血、肠浆膜出血、皮下出血、肾盂出血等病理变化。

【诊断要点】本病需要根据牛发病后的临床症状进行预判，确诊需要通过测定其饲料、血清以及牛奶中的维生素A的含量。检测应用高效液相色谱法。正常饲料中每千克应含有40万单位的维生素A，每升牛奶中应含有72.3万单位维生素A。血清中的维生素A含量应为每升中含有43605单位，低于正常值就可以确定本病；还可以通过观察病牛瞳孔以辅助诊断。应用1%硫酸阿托品给病牛进行点眼，连用2次，15min后用照相机给病牛眼睛拍照，对瞳孔和角膜等进行观察对比，可见病牛出现色素脱落或色素沉着，这样也可以辅助诊断本病。

【防治要点】加强饲养管理。确保合理搭配饲料，使其含有全价营养，尤其是含有足够的维生素A以及胡萝卜素。另外，日粮中要含有足够的脂肪、蛋白质、微量元素等，保持彼此间比例适宜，以满足奶牛所需营养需要，并使其充分吸收和利用维生素 A。饲料要避免储存过长时间，并加强保管，避免遭受暴晒、雨淋，防止饲料中所含的维生素 A 被破坏。治疗措施：病牛要减少饲喂储存时间过长的小麦秸秆，每天增加饲喂 20kg 的新鲜青草。经过大约 1 周，病牛症状有所减轻或者完全消失，病情显著好转。另外，对病牛也可直接注射维生素 A、维生素 D，每头每天用量为 25 万单位（根据维生素 A 含量计算），1 次/d，连用 7d。

第十节　铅中毒

铅中毒是由于牛误食和误饮了含铅物质及被铅污染的饲料和饮水引发的中毒性疾病。在临床上以外周神经变性综合征和胃肠炎等为主征。

【病因】群养牛铅中毒的原因多为舔舐油漆或脱落的油漆片、漆布、油毛毡、沥青及某些含铅药物；长期使用铅制的饲槽、饮水器、水管或牛舔舐油漆表面的颜料亦可导致中毒（油漆和颜料中多有含铅的化合物）。由于汽车工业的飞速发展，汽车的保有量急速增加，而汽油中多有含铅物，从尾气中排入路旁草边，牛采食后引起慢性铅中毒。有些废弃的含铅矿物周围生长的草中，铅含量较多，牛食后亦可引起铅中毒。个别地区的牧场、牧草被散落的原油或成品油污染，牛误食后极易引起慢性铅中毒。

【流行特点】所有动物对铅易感，但吃奶犊牛和饲喂干草和谷物的犊牛更敏感，牛铅中毒的剂量变动很大，一次性大剂量

(1g/kg bw) 摄入可诱发急性死亡。而每天给予 2～3mg/kg bw 需 1 个月以上才能出现临床症状。其他因素，如年龄、饲料、瘤胃 pH 值、接触前或现饲料中的铅水平及其他影响铅含量的因素，都可能影响临床症状。增加剂量则潜伏期缩短，症状加剧，死亡率增加。

【临床特征】消化道症状：厌食、呕吐、被毛松乱、口色苍白、腹痛、便秘、腹泻、黑便、口臭、流涎等。病牛虽有剧烈腹痛，而腹壁不紧张、无固定压痛感。中毒性肝炎：表现为肝肿大、叩诊肝区有痛感，眼角膜呈黄色。泌尿系统症状：蛋白尿、血尿、叩诊背部有明显疼痛感，水肿严重的出现尿闭、尿毒症等。血液循环系统症状：贫血、眼角膜苍白、血红蛋白尿等。中枢神经系统症状：四周打转、乱闯乱转，严重的口吐白沫。

【病理剖检】病牛皮下出血，咽喉、颈部、胸前皮下有轻微炎性水肿。脑室积液，脑皮质肿胀变黄。心冠脂肪、心外膜及心内膜均有少许出血点，心包有淡黄色积液。肺部、气管内有大量泡沫，肺气肿，浆膜面有出血点。小肠黏膜充血，有出血点。胸腹腔积有大量浆液性渗出液，淋巴结肿大出血，其他脏器无明显变化。

【诊断要点】

1. 急性中毒症状多见于犊牛

突然呈现神经症状，如口吐白沫，空嚼磨牙，眨眼，眼球转动，步态蹒跚。头、颈肌肉明显震颤，吼叫，惊恐不安。对触摸和音响感觉过敏，瞳孔散大，两眼失明，角弓反张。有的表现狂躁不安，横冲直撞，爬越围栏，或将头用力抵住固定的物体；追击人，但步态僵硬，站立不稳。脉搏加快，呼吸迫促、困难，最终多由于呼吸衰竭而死亡。

2. 亚急性中毒症状多见于成年牛

呈现胃肠炎症状，如精神萎靡，饮食欲废绝，流涎，磨牙，眼睑反射减弱或消失，失明。瘤胃蠕动微弱，腹痛，踢腹，初便秘，后腹泻，排泄恶臭稀粪。有的出现感觉过敏和肌肉震颤，间歇性转圈，盲目走动，共济失调。有的则呈现极端呆滞，或长时间呆立不动，或卧地不起，最后死亡。

由于环境污染而长期摄食含低水平铅的饲草料时，只呈现亚临床铅中毒症状，表现为病牛生长速度减慢，以及新生犊牛畸形。

铅中毒的诊断必须有血液及肝、肾、内容物和粪便的铅含量分析，才可以确诊。将正常奶牛与铅中毒牛血液及各组织、胃内容物、粪便中含铅量比较如下：虽然参考值多种多样，但大多数实验室用血液中铅含量（0.105±0.044）mg/L 作为正常值，超过就是异常值，被认为中毒。结合临床症状、病理变化及实验室检测可以认定牦牛铅中毒。

【防治要点】加强对含铅涂料及其容器等的保管和处理，不得乱放乱抛；刷拭牛舍、围栏时，避免使用带铅涂料，必须用时也要等彻底干后，再进牛群；严格控制放牧草场，凡已知是生产铅的厂矿地区，严防牛群在其附近区域采食；平时饲养要注意日粮营养平衡，特别要供应足够的钙、磷及微量元素，预防牛发生异嗜。治疗措施：①为了缓解惊厥等神经症状，可应用水合氯醛，剂量为 0.08～0.12g/kg 体重，以生理盐水或 5% 葡萄糖注射液配制成 10%溶液，1 次静脉注射；②为促使铅离子形成可溶性铅络合物，加快其排出体外，可用乙二胺四乙酸二钠钙（$CaNa_2$ EDTA）3～6g，以 5% 葡萄糖注射液，配制成 12.5% 溶液，1 次静脉注射；③二巯基丙醇，剂量：首次 5mg/kg 体重，以后每隔 4h 再肌内注射半量，随后酌情减量；④硫酸镁 400～500g，用饮用水配制成10%溶液，1次灌服，或用1%～2%硫酸镁液洗胃；⑤对症疗法，脱水厌食病牛，可补充葡萄糖生理盐水，体温升高的可应用抗生素、磺胺类药物，对贫血病牛，尤其是犊牛，可用健康牛血液进行输血治疗，效果明显。

第十一节　有机磷农药中毒

有机磷农药作有效杀虫剂，使用率较高，但任何药物均具有两面性，若使用不当极易造成家畜中毒。有机磷农药毒性很强，临床上多为误食或通过皮肤进入牛体内而引起中毒性疾病。当家畜接触或误食了喷洒有机磷农药的青草或庄稼后便会发生中毒。有机磷农药中毒是由于家畜食用含有某种有机磷制剂的食物或有机磷制剂所引起的病理过程，主要作用机理是体内的胆碱酯酶活性受抑制，从而导致神经生理机能紊乱。

【病因】引起中毒的原因主要是：采食、误食或偷食了喷洒过有机磷农药的农作物、牧草等；误食拌过或浸过农药的种子；误饮被农药污染过的水；误用配制农药的容器当做饲槽或水桶来喂饮牛；在兽医临床上常用敌百虫驱除牛体内外寄生虫，用量过大或牛舔食体表的药物；人为投毒等。

【流行特点】一年四季均有发生。

【临床特征】牛发生有机磷中毒时，临床症状及程度各有不同，但总体上均表现出体内乙酰胆碱过量蓄积，过度刺激胆碱能神经元，从而表现出异常兴奋的现象，临床上可将这些复杂的症候分为三大类。

1. 毒蕈碱样症状

可见中毒牛精神萎靡不振、食欲减少、闭目嗜睡、嘴角流涎、呕吐、腹泻以及尿频但量少、瞳孔缩小、可视黏膜苍白、支气管分泌物增多，严重者可见呼吸困难。

2. 烟碱样症状

全身肌肉收缩无力，呼吸肌不自主地震颤，继而扩散至全身肌肉组织，有时还可见全身麻痹。

3. 中枢神经症状

体温迅速升高，患牛极度兴奋不安，运动明显失调，在受到外界刺激后惊恐而抽搐，接着很快陷入昏睡。

另外，牛在发生有机磷农药中毒时，眼底也有一些变化。具体为：轻度中毒的视网膜潮红，眼角膜与结膜结合处有蓝色息肉带出现；中度中毒的视网膜上有散在的橘红色血点，眼球肌明显有充血、水肿；重度中毒的视网膜上有大量的橘红色血斑，双眼泪流明显。

当然，由于牛体质差异性，并非所有的中毒牛都表现出明显的某一上述症状，有时也会呈现出几种症状。因此，在临床诊断时应区别对待。

【病理剖检】瘤胃大网膜出血，胃内容物充盈，切开检查，胃内容物成分为青干草和玉米秸秆，有灰白色团粉状的物体，且散发着大蒜气味，胃黏膜脱落，大面积充血、出血，呈黑红色。肠病变部位主要在小肠。外观呈暗红色，肠浆膜有较多的暗红色的坏死灶，似黄豆大小，切开，肠壁内容物暗红色，刀刮，黏膜脱落，大面积出血，出现坏死灶、溃疡。膀胱空盈，黏膜出血。直肠末端肛门处黏膜出血。心脏心外膜分布有大面积出血点，似大米粒大小。切开，内充满血凝块，内膜有大面积出血点；胆囊充盈，较正常大一倍。

【诊断要点】患病时，病牛表现不安、流涎，反刍停止，腹痛、腹泻，呻吟，呼吸急促，呼出的气体呈大蒜味，大量流泪、出汗，心跳加快，全身肌肉抽搐，尤其是肩背部皮肤抽搐明显，眼球震颤、瞳孔缩小，四肢无力、卧地。有机磷农药中毒后，血液中胆碱酯酶活性受到抑制，故将乙酰胆碱分解为乙酸和无活性胆碱的能力降低，影响酸碱平衡，通过指示剂显色反应能间接测出胆碱酯酶的活性。

【防治要点】牛有机磷农药中毒后，应立即停止使用疑似农药来源的一切饲草和饮水，同时应尽快选用特效解毒药进行救治。疗效较好的是使用抗胆碱药（如阿托品）结合拟胆碱酯酶复合剂（如解磷定、氯磷定或双解磷等）进行综合性治疗。①阿托品，通常使用剂量为10～50mg，应适当加大剂量、重复用药（谨防阿托品超量使用后诱发的二次中毒），才能取得满意的疗效。②解磷定，使用剂量为10～50mg/kg，溶于生理盐水做皮下或腹下注射。③氯磷定，使用剂量与方法和解磷定基本相似，但该药对乐果中毒时解救效果不太理想，对敌敌畏、敌百虫、对硫磷和内吸磷等中毒2～3d的病牛基本无效。④双解磷，使用剂量为40～60mg/kg，皮下、肌内或静脉注射，其解毒效果较解磷定、氯磷定强而持久。

第十二节　亚硝酸盐中毒

亚硝酸盐是一种剧毒类物质，进入牲畜体内之后会进一步影响血液和血管的运动，导致血红蛋白中二价铁被氧化形成高铁血红蛋白，使血红蛋白的携带氧气功能逐渐下降，不能正常输送氧气，造成机体组织出现严重缺氧。典型的临床症状是患病牛的皮肤黏膜发绀，出现严重的缺氧症状，病情加重后会出现腹痛、腹泻现象，甚至出现逆向呕吐，轻则直接影响动物机体的正常生长发育，严重的会导致动物死亡。

【病因】牛饲养所需的各种多汁类饲料，如马铃薯、胡萝卜、甜菜、菠菜和其他青菜等叶菜类，在长时间堆放或者经过太阳暴晒、雨水淋刷之后，出现不同程度的发酵或者腐败变质的情况，在这个过程中，多汁类饲料中所富含的硝酸盐会进一步被还原生成亚硝酸盐。如果没有做好这类饲料的科学调控工作，牦牛采食大量发霉变质的饲料或者腐败的饲料，就会引发亚硝酸盐中毒。在日常养殖管理期间，如果牛的胃肠道功能出现异常，也会造成胃肠道中的亚硝酸盐还原菌迅速繁殖生长，如果此时牛在短时间内采食了大量富含硝酸盐等的蔬菜类作物，机体所摄入的亚硝酸盐就会在还原菌群的作用之下快速出现氧化还原反应，使硝酸盐被还原成亚硝酸盐，造成亚硝酸盐中毒。

【流行特点】一年四季均有发生。

【临床特征】

1. 重症病例

牛通常在食入大约 5h 后表现出中毒症状，主要是呕吐，口吐白沫，烦躁不安，盲目转圈，哞叫，耳尖、皮肤、鼻、可视黏膜以及舌发青，变成乌黑色，肌肉颤抖，无法稳定站立，接着倒地，四肢胡乱踢动，并出现严重的腹痛，还伴有瘤胃臌气。

2. 轻症病例

牛食入较少发生轻度中毒时，表现出精神不振，采食停止，反刍减少，瘤胃蠕动音较弱，呼吸频率为50～70次/min，心跳加快，体温偏低，尤其耳、鼻、四肢手感发凉，肌肉颤抖，步履蹒跚，下痢，腹痛不安，剪尾尖只有少量出血或者不易出血，血液呈黑褐色或者酱油样，明显黏滞，凝固不良，卧地不起或者全身无力，四肢呈游泳状划动，在呼吸极度困难时，会不断挣扎，嘶叫，最终由于窒息而死。

【病理剖检】通常，含高铁血红蛋白的血液为巧克力色，有时也可见到暗红色血液。在浆膜表面可见针尖大小的出血点。死产犊牛出现腹水，亚硝酸盐中毒的围产期牛出现肺水肿和消化道出血。濒死或死后不久的动物组织，出现的深褐色变色不能用于确诊，应考虑引起高铁血红蛋白血症的其他因素（如尸检延迟）。

【诊断要点】

1. 临床诊断

该病主要采取临床诊断，既调查青饲料的加工、使用以及保管方法，还要了解病牛的发病时间、临床症状以及病程等情况，据此进行初步诊断。一般来说，病牛在采食前体温、精神、食欲、呼吸以及外观等都正常，大部分在采食后的短时间内出现发病或者死亡。

2. 实验室检查

（1）肠内容物检查　取1滴胃肠内容物滴于滤纸上，接着滴加

1～2滴10%联苯胺液，然后再滴加1～2滴10%醋酸，如存在亚硝酸盐，则滤纸会变成棕色，反之颜色没有变化。

（2）青饲料检查　在试管中加入饲料汁液，接着添加1～2滴10%高锰酸钾溶液，充分混合后再添加1～2滴10%硫酸溶液，充分晃动，如果存在亚硝酸盐，则可见高锰酸钾溶液变成无色，反之颜色没有变化。

3. 鉴别诊断

（1）与感染性肺炎的鉴别　牛患有感染性肺炎后，通常会表现出体温升高，个别会伴有瘤胃臌气现象，大部分结膜没有发绀，且使用抗生素或者抗病毒药具有较好的治疗效果。

（2）与单纯的瘤胃胀气的鉴别　病牛患有单纯的瘤胃胀气时，用温水送服促反刍-轻泻-制酵合剂，同时注射钙剂，具有明显的治疗效果。而亚硝酸盐中毒的治疗措施是排出胃肠道毒物。

（3）与青草搐搦的鉴别　青草搐搦也叫作低镁血症，尽管病牛也会表现出肌肉震颤和呼吸困难症状，但典型症状是神经兴奋，如狂躁、惊厥、角弓反张等。

【防治要点】

1. 预防措施

多次、少量饲喂含硝酸盐饲料有助于动物的适应。添加微量元素添加剂和平衡日粮，可预防因长期摄入过多硝酸盐而引起的营养/代谢紊乱。同时饲喂谷物和硝酸盐含量高的牧草可减少亚硝酸盐的产生。应避免饲喂硝酸盐含量高的干草、稻草和已发潮数天的草料，以及堆垛的青刈饲料。

2. 治疗措施

该病的治疗原则主要是解毒、排毒、强心补液以及对症治疗。

病牛可静脉注射1%美蓝溶液，或者皮下注射或者肌内注射2%美蓝溶液，按体重使用0.1～0.2mL/kg。另外，也可内服食用醋或者1%高锰酸钾溶液，按体重使用2mL/kg。病牛可同时静脉注射由200～500mL 10%葡萄糖、10～20mL5%维生素C、5～10mL 10%安钠咖组成的混合药液，或者皮下注射0.5～1mL肾上腺素。

第十三节　尿素中毒

尿素虽为非蛋白质有机化合物，但是在动物瘤胃的微环境中可以转化为蛋白质，促进动物的生长，因此常被用来代替某些饲养动物的养料。人们为了使肉牛增重快、满足市场需求，饲喂过量的营养饲料，忽略了喂养的合理性以及科学性，进而极易导致肉牛在饮食中出现中毒现象，而尿素中毒则是其中最具代表性的现象之一。

【病因】牛食入的尿素到达瘤胃，在瘤胃微生物产生的脲酶作用下发生分解，并释放出氨。这些氨一部分被瘤胃微生物利用，另一部分被瘤胃壁快速吸收，并进入血液。血液中的一部分氨会运送至肌肉、脑等主要组织中，在谷氨酰胺合成酶的作用下变成无毒的谷氨酰胺，再通过血液循环进入肝脏或者肾脏。

进入肝脏内的谷氨酰胺通过鸟氨酸循环再次生成尿素，并通过血液循环运输，其中一部分会随着唾液到达瘤胃，另一部分进入肾脏，经由尿液排至体外。进入肾脏内的谷氨酰胺在谷氨酰胺酶的作用分解生成氨，并直接扩散至尿液中，最终经由尿液排至体外。另外，谷氨酰胺的合成和分解需要不同的酶催化，是一种不可逆的反应，其中合成时需要消耗能量，还需要镁离子的参与。因此，尿素中毒实际上是指机体在糖原不足的情况下，无法将氨转化成无毒的谷氨酰胺。

牛发生尿素中毒后，不仅血氨水平升高，血磷、血钾、乳酸盐等浓度也会升高，谷丙转氨酶和谷草转氨酶等的活性也有所升高，引起高血钾，影响心脏传导系统，从而由于心力衰竭而死亡。

一般来说，当瘤胃液中含有 0.75mg/mL 氨时，尿素会快速分解生成氨，使瘤胃内氨量急剧增多，并比瘤胃微生物生成氨基酸的速度要快，从而大多数氨被胃壁吸收并进入血液，导致血液中的血氨水平达到 0.07mg/mL 以上，从而出现中毒死亡。

【流行特点】一年四季均有发生。

【临床特征】对发病牛群进行检查，轻者主要表现出兴奋不安，伴有呻吟，行走不稳，躯体摇摆，肌肉震颤；较重者主要表现出躯体痉挛，且反复发生，呼吸加速，有带泡沫样的液体从口、鼻中流出，心跳加快，达到 130 次/min 左右，同时第一、第二心音亢进，少数症状严重的不仅会有以上症状，还表现出全身大汗淋漓、瞳孔散大、眼球震颤。

对病死牛进行外观检查，发现尸体明显膨胀，严重腐败，皮肤呈紫绀色，口腔会有带血的泡沫状液体流出，可视黏膜也可呈紫绀色，且眼球、肛门明显突出膨胀。

【病理剖检】病牛有大量浅褐色的腹水，瘤胃明显膨胀，胃壁变薄，瘤胃内容物中存在大量刺眼、刺鼻的气体，瘤胃黏膜变成黑褐色，并发生充血、出血，皱胃黏膜及肠道内黏膜存在出血点或者散布有出血斑；肉眼可见肺脏气肿、充血、出血，将肺叶切开后挤压，会流出大量泡沫状的浅咖啡色液体；肝脏呈灰暗色，但外观大小没有变化；肾脏呈暗褐色，膀胱内黏膜存在出血点，尿液呈深黄色，并有刺鼻的气味。

【诊断要点】不同程度瘤胃臌气，左肷部胀满，肚子膨胀，敲如鼓响，呼吸急促，每分钟呼吸41～50次、尾脉搏92～105次，从口鼻呼出的气体氨气味明显，口中流涎，口鼻流出白沫。体温36～38℃，死前体温仍不下降，倒地不起。没有瘤胃臌气的，也表现出骚动不安、不时发出叫声等症状。结合尿素饲喂情况，可确诊为尿素中毒。

【防治要点】预防尿素中毒的最有效方式便是对尿素剂量的严格控制以及遵循科学的喂养方法。而对于尿素的合理施用，需严格按照相关标准来进行，诸如基于牛的体重，每100kg体重所喂食的尿素量需严格控制在20～25g之间，而即便牛的体重超出普通牛的体重，所能喂食的尿素总量亦坚决不能超出120g。此外，适宜的喂养方法当是每日分3次喂食，且需与日粮均匀混合，切忌将其溶解于水后进行灌服或仍由牛自由饮服。因豆类饲料本身含有能促进尿素水解的脲酶，故在喂食尿素期间，需切忌与豆类饲料相混合，包括大豆饼、蚕豆饼以及豆科植物的茎叶等。治疗措施包括常规治疗和抢救，常规治疗是发现牛中毒后，立即灌服食醋或醋酸等弱酸溶液。抢救措施包括洗胃、制酵、降低氨中毒、制止渗透。

第十四节　黄曲霉毒素中毒

黄曲霉毒素属于分子真菌毒素，是黄曲霉和寄生曲霉生长发育中的代谢产物，是一种剧毒性和强致癌性的物质。黄曲霉毒素中毒是因为牲畜采食被黄曲霉污染的饲料，引发的全身出血、消化系统紊乱、腹腔积水、神经症状为主要特征的中毒性疾病。典型的病理特征是肝脏细胞严重坏死，变性和出血。黄曲霉毒素中毒具有发病急、发病速度快、致死率高的特点。

【病因】黄曲霉毒素是由黄曲霉和寄生曲霉或曲霉、青霉、毛霉、镰孢霉、根霉等产霉菌在代谢过程中产生的有毒产物。这些产霉菌在自然界中广泛存在，在相对湿度大于80%，温度为24～30℃时最适宜繁殖和产毒。且饲料中水分含量越高，黄曲霉毒素的含量也会增多。黄曲霉毒素中毒在一年中都能发生，但雨季的发病率较高，饲料储存不当，保存时间过长能够增加被黄曲霉毒素污染的概率。

【流行特点】一年四季均有发生。

【临床特征】患病牛精神萎靡，身体逐渐消瘦，低头呆立，采食欲望下降，反刍和胃肠道的蠕动能力逐渐减退，不能正常行走，行走时左右摇摆，患病牛的体温升高到39℃，最高升高到41℃，出现间歇性的肌肉抽搐，随后过度兴奋，在圈舍中表现为兴奋不安，不断地磨牙，口吐白沫，后期逐渐衰弱，共济失调，可视黏膜发绀明显，被毛杂乱，呼吸困难，心跳较快。各个年龄的患病牛发病病程长短不一，急性发病例卧地不起，出现临床症状2～3d内死亡。慢性发病病例可持续2周以上。有的患病牛便秘腹泻交替出现，粪便中夹杂很多血液、肠黏膜组织。患病牛的前胸、颌下和四肢出现炎性水肿，倒地不起。养殖场的妊娠母牛突然流产，产下死胎，即便胎儿能成活，抵抗能力也较弱，易感染多种细菌性疾病，早期死亡。

【病理剖检】病死牛解剖后，发现后躯肢体被粪便严重污染，结膜黄染。前胸、额下和四肢皮下能看到轻微瘀血或者点状出血，皮下脂肪和肌肉组织呈现淡黄色。腹腔和心包中蓄积大量淡黄色的液体，胸膜呈现不同程度的黄染现象，且存在大量出血点。肝脏病变最为严重，质地变脆肿大，外观呈淡黄色或者棕黄色，肝被膜下存在出血点，并有小米粒到高粱粒大小的淡黄色或灰白色的结节，切面呈黄色干酪样向内凹陷，有的切面呈灰白色，质地细密，中心突出。胆囊充盈肿大。胆壁显著增厚，黏膜出血，胆汁呈胶状。脾脏稍微肿大，外观呈淡黄色，在表面会出现很多针尖大小的出血点，质地变脆，将脾脏横切后切面湿润。肾脏肿大明显，外观呈淡黄色并存在大量出血点，切面结构模糊。瘤胃中存在少量的食物，黏膜表面存在针尖大小的出血点。小肠黏膜高度充血出血，大肠黏膜脱落，坏死肠壁变薄，外观呈红黄色，肠道中蓄积大量恶臭的黏稠液体，并加杂少量气泡。

【诊断要点】对于本病的诊断，兽医人员应从病史调查入手，并对现场饲喂的饲料样品进行检查，结合临床表现，如黄疸、出血、水肿、消化障碍及神经症状等；病理学变化，如肝细胞变性、坏死、增生及肝癌等，可初步诊断。确诊必须对可疑饲料进行产毒霉菌的分离培养及饲料中黄曲霉毒素含量测定，必要时还可使用生物学鉴定方法，即进行毒性试验。

【防治要点】本病目前尚无特效疗法。确诊后将患病牛单独隔离，并采用强心、补液、排毒、利尿、消炎、护肝的原则进行治疗，患病牛禁止投喂发霉变质的饲料，改为新鲜的青绿饲料，在饮用水中添加补液盐，每头牛按照10g的量添加，加速有害物质排出。对于症状较为严重的患病牛，将硫酸镁50g、酒精50mL、1%的鞣酸溶液100mL，加温水500mL，混合后口服，连续使用3d。同时选择使用10%的葡萄糖注射液、维生素C注射液、10%的安钠咖注射液、维生素B注射液，使用剂量分别为500mL、10mL、5mL、10mL，混合后静脉注射，1次/d，连续使用3d。

参考文献

[1] 黄文富．牛口蹄疫病特点与防控措施［J］．吉林畜牧兽医，2024，45（04）：139-141.

[2] 尼玛次仁．牦牛口蹄疫临床特点与防控措施［J］．中兽医学杂志，2022，（11）：57-59.

[3] 桑巴．牦牛口蹄疫的病因及防治［J］．中国畜牧兽医文摘，2016，32（04）：214.

[4] 李小龙，石亚楠，鲍显伟，等．牛冠状病毒病诊断及防治的研究进展［J］．现代畜牧兽医，2023，（07）：78-83.

[5] 苗艳，朱庆贺，陈亮，等．牛冠状病毒流行病学和疫苗研究进展［J］．中国兽药杂志，2022，56（07）：89-94.

[6] 沈思思，陈亮，冯万宇，等．牛冠状病毒研究进展［J］．动物医学进展，2022，43（01）：112-116.

[7] 郑拓，苗艳，朱庆贺，等．牛冠状病毒感染的临床症状、诊断和防治［J］．现代畜牧科技，2022，（01）：79-80.

[8] 刘建慧，马思雯，张永明，等．牛病毒性腹泻病毒流行特点与诊断预防措施研究［J］．饲料工业，2023，44（19）：108-112.

[9] 秦义娴，刘丹，陈晓春，等．牛病毒性腹泻病毒检测方法研究进展［J］．动物医学进展，2022，43（12）：90-94.

[10] 赵静虎，王华欣，朱战波．牛病毒性腹泻-粘膜病的流行状况及防控研究进展［J］．黑龙江八一农垦大学学报，2016，28（6）：4.

[11] 韩猛立，张倩，赵文娟，等．牛病毒性腹泻病毒的分子生物学特性及发病机制研究进展［J］．中国畜牧兽医，2023，50（11）：4632-4645.

[12] 宫晓炜．牛病毒性腹泻病毒感染形成和复制的分子机制研究［D］．北京：中国农业科学院，2014.

[13] 孙强，于团，刘刚．牛传染性鼻气管炎的流行特点及综合防控［J］．中国乳业，2023，（12）：32-36.

[14] 李林晓，李焱，李家奎．牛传染性鼻气管炎流行与防控策略［J］．中国牛业科学，

2023，49（04）：97-102.

[15] 洛桑才让．青海牦牛传染性鼻气管炎的防治探讨［J］．畜禽业，2021，32（08）：124+126.

[16] 周跃辉．牛传染性鼻气管炎病毒糖蛋白 gD 单抗制备及其抗原表位鉴定与双抗夹心 ELISA 的建立［D］．北京：中国农业科学院，2016.

[17] 王瑞林．牛地方性白血病的诊断和预防［J］．中国动物保健，2023，25（04）：48-49.

[18] 孟和扎力根．牛白血病的临床症状、病理变化和防治措施［J］．中国畜禽种业，2022，18（02）：150-151.

[19] 郭永丽，张君，张俊峰，等．牛白血病的危害及防控策略［J］．中国动物检疫，2020，37（07）：80-86.

[20] 龙塔，潘耀谦．流行性牛白血病的病原及传播途径研究进展［J］．动物医学进展，2004，（06）：65-68.

[21] 孙继鑫．肉牛恶性卡他热的流行病学、临床特征、鉴别诊断与防治［J］．现代畜牧科技，2020，（12）：119-120.

[22] 孔繁琪，孙传禄．牛恶性卡他热的诊断及治疗［J］．养殖技术顾问，2010，（9）：1.

[23] 张小强．牛恶性卡他热的鉴别诊断与综合防治措施［J］．中国动物保健，2021，23（04）：47.

[24] 莫华山．牛恶性卡他热临床表现及防治［J］．兽医导刊，2021，（19）：30-31.

[25] 张明成，平作军．牛流行热的发病特点、临床症状与防控措施［J］．中国动物保健，2023，25（10）：38-39.

[26] 李龙，赵露，周银萍．牛流行热的诊断与防治研究［J］．畜牧业环境，2023，（15）：42-44.

[27] 张媛，彭熠．牛流行热的流行特点、诊断与防制［J］．北方牧业，2023，（08）：31.

[28] 薛成．牛流行热的诊断与防控措施［J］．畜牧业环境，2023，（08）：23-25.

[29] 通拉嘎．羊蓝舌病的诊断与防治［J］．养殖与饲料，2023，22（11）：66-68.

[30] 桂文龙，邱程伟．牛羊蓝舌病的诊断与防控［J］．中国动物保健，2023，25（12）：46-47.

[31] 庞国峰．蓝舌病流行病学、诊断及疫苗策略［J］．中国畜牧业，2023，（03）：97-98.

[32] 翟雪松．牛副流行性感冒的诊治［J］．畜牧兽医科技信息，2022,（02）：92-93.

[33] 侍贤利，杨志强．牛轮状病毒病流行特点及防治［J］．畜牧兽医科学（电子版），2021,（13）：68-69.

[34] 彭清洁，刘心，晁金，等．轮状病毒为主的混合感染性犊牛腹泻病的诊断［J］．中国兽医学报，2020，40（12）：2316-2319.

[35] 刘占悝，刘泽余，李智杰，等．牛轮状病毒研究进展［J］．畜牧兽医科学（电子版），2019,（20）：1-3.

[36] 朱焕星，王仁翠．牛海绵状脑病及其防制方法［J］．中国动物保健，2023，25（09）：1-2+4.

[37] 徐爱雄，陈南斌．牛海绵状脑病的防治［J］．畜牧兽医科技信息，2019,（09）：100.

[38] 张俊华．牛水疱性口炎的发生、诊断与防治［J］．中国动物保健，2024，26（03）：31-32.

[39] 张维虎．牛水疱性口炎的诊断与防控［J］．农业工程技术，2023，43（22）：90-91.

[40] 裴小红．牛水疱性口炎的病因及预防措施［J］．畜牧兽医科技信息，2020,（06）：117.

[41] 贾丽，武英豪，李燕，等．犊牛感染性腹泻的流行现状及综合防控［J］．畜牧与兽医，2023，55（12）：139-144.

[42] 卢淮江，王东之，李建华．牦牛大肠杆菌病的一次暴发流行［J］．中国兽医杂志，1993,（02）：18.

[43] 张军良．牦牛主要传染病及防治［J］．中国畜牧兽医文摘，2013，29（04）：79.

[44] 覃叶敏．犊牛破伤风的诊治［J］．养殖与饲料，2023，22（06）：71-73.

[45] 杨延瑞．牛破伤风流行病诊断和防治措施［J］．农家参谋，2021,（12）：125-126.

[46] 刘佰玲，刘岩．破伤风病在奶牛生产中的发生、诊断与综合防治措施［J］．畜禽业，2023，34（04）：67-69.

[47] 董文涛，王安文．肉牛破伤风的流行病学、临床特征、诊断和防治措施［J］．现代畜牧科技，2020,（11）：122-123.

[48] 屈猛．牛布鲁氏菌病的流行、诊断及综合防控措施［J］．山东畜牧兽医，2024，45（04）：52-54.

[49] 黄杰容，杨凤都．牛布鲁氏菌病的流行病学特点与防控措施［J］．中兽医学杂志，2023,（12）：94-96.

[50] 白鹏霞．牛布鲁氏菌病的流行特点及诊断方法研究进展［J］．中国动物保健，

2023，25（12）：3-4.
[51] 安伯玉．牛布鲁氏菌病的诊断和防控措施［J］．中国动物保健，2024，26（01）：5-6.
[52] 关龙伏，伍仁福，樊万庚，等．牦牛副伤寒研究报告［J］．中国牦牛，1981，（01）：24-28.
[53] 许文婷．牛沙门氏菌病的病原学及综合防治［J］．养殖与饲料，2022，21（02）：81-82.
[54] 赵光平．牛沙门氏菌病的流行与防控［J］．中国畜禽种业，2022，18（05）：136-137.
[55] 刘芳．牛沙门氏菌病的流行特点和防控措施［J］．中国动物保健，2023，25（09）：38-39.
[56] 张军良．牦牛主要传染病及防治［J］．中国畜牧兽医文摘，2013，29（04）：79.
[57] 秦洁．牛羊炭疽的发病特点与预防［J］．畜牧兽医科技信息，2022，（07）：171-173.
[58] 赵国财．牛炭疽的病理学和病原学诊断［J］．畜牧兽医科技信息，2017，（09）：83.
[59] 阿索．牦牛炭疽病的诊断及预防［J］．中国畜牧兽医文摘，2017，33（08）：181.
[60] 云志刚．牛出血性败血症的鉴别诊断及防治措施［J］．畜牧兽医科技信息，2024，（01）：150-152.
[61] 曾昭明．牛出血性败血症的临床表现及防控措施［J］．畜牧兽医科技信息，2023，（09）：94-96.
[62] 青梅卓玛．牦牛出血性败血症的诊断与治疗［J］．畜牧业环境，2023，（22）：71-72.
[63] 樊晓红．牛结核病的现状及中西医防治措施［J］．中国动物保健，2023，25（02）：36-37.
[64] 周永强，李艳民．牛结核病的特点及防控策略［J］．畜牧业环境，2023，（13）：47-48.
[65] 覃小红．牛结核病的临床症状、病理变化及诊断方法［J］．养殖与饲料，2022，21（05）：99-100.
[66] 赵鲁．牛结核病的流行特点与检疫技术［J］．中国畜牧业，2023，（09）：123-124.
[67] 关佳宁．牛结核病诊断与防控的研究进展［J］．现代畜牧兽医，2024，（02）：83-87.
[68] 杜歆．牛结核病的防控措施［J］．今日畜牧兽医，2024，40（03）：32-34.
[69] 邱志敏．一例犊牛链球菌和大肠杆菌混合感染的诊治报告［J］．当代畜禽养殖业，2019，（02）：37.

[70] 孙文渊，刘兵，张其晖，等．细菌性疾病在牛羊养殖中的防治［J］．中国畜牧业，2023，（05）：117-118.

[71] 沈冬梅，郭宇，张秉升．金黄色葡萄球菌引起的奶牛乳房炎的诊治［J］．兽医导刊，2014，（04）：68.

[72] 杨金鑫，肖分雪，朱奕霏，等．牛产气荚膜梭菌荧光定量 PCR 检测方法的建立及应用［J］．特种经济动植物，2023，26（11）：11-15.

[73] 唐国超，张轶，金庭辉，等．犊牛产气荚膜梭菌感染的诊断及综合防控［J］．中国乳业，2022，（11）：63-66.

[74] 谢瑞海，顾邦华．牛气肿疽病的防控措施［J］．今日畜牧兽医，2023，39（11）：29-31.

[75] 张绍兵，姚文静，贾敬亮．牛气肿疽病的防控措施［J］．北方牧业，2023，（02）：40.

[76] 罗想想．牛肺疫的诊断要点及治疗效果分析［J］．今日畜牧兽医，2023，（04）：10-12.

[77] 李健．牛肺疫的诊断与防治［J］．中国畜牧业，2022，（06）：111-113.

[78] 贾锋军．浅谈腐败梭菌病诊断及防治措施［J］．中国畜禽种业，2020，16（10）：45-48.

[79] 张西云，李生庆，胡国元，等．牦犊牛腐败梭菌病的诊断［J］．甘肃畜牧兽医，2013，43（02）：42.

[80] 普布卓玛．牧区牛羊肉毒梭菌感染病的防治方法［J］．中兽医学杂志，2022，（08）：57-59.

[81] 阿旺多布杰．西藏牦牛肉毒梭菌中毒病的应对方法［J］．中兽医学杂志，2022，（07）：45-46.

[82] 李国良，吉春花．牦牛坏死杆菌感染病流行与防控［J］．畜牧兽医科学（电子版），2020，（15）：71-72.

[83] 李可伟，曾江勇，索朗斯珠，等．牦牛传染性角膜结膜炎研究进展［J］养殖与饲料，2020，（06）：85-87.

[84] 贡嘎，罗润波，唐尧，等．西藏牦牛传染性角膜结膜炎病原菌的分离与鉴定［J］．中国兽医杂志，2021，57（04）：25-26+30+128.

[85] 张景祥.牛传染性角膜结膜炎的诊断及防制措施［J］．北方牧业，2024，（01）：35.

[86] 李希辉，张鹏．牛放线菌病临床症状及防治措施［J］．畜牧兽医科学（电子版），

2021，(09)：52-53.

[87] 马超龙．牦牛放线菌病的流行调查及防治措施［J］．中国畜禽种业，2019，15(07)：136.

[88] 陈晓宽．浅谈牛片形吸虫病的防治［J］．吉林畜牧兽医，2023，44(01)：102-103.

[89] 吴琼，李睿．牛羊片形吸虫病的诊断与防治［J］．河北农业，2023，(06)：95-96.

[90] 姚嘉文，贾铁武．片形吸虫的全球分布及传播［J］．中国血吸虫病防治杂志，2022，34(06)：654-658.

[91] 索郎德吉．一起牦牛肝片形吸虫病的诊治［J］．西藏科技，2020，(12)：3-4.

[92] 石斌，唐文强，单曲拉姆，等. 浅谈东毕吸虫病在西藏的流行现状及防治对策［J］．西藏农业科技，2021，43(02)：102-104.

[93] 殷铭阳，周东辉，刘建枝，等．中国牦牛主要寄生虫病流行现状及防控策略［J］．中国畜牧兽医，2014，41(05)：227-230.

[94] 吴璆．牛前后盘吸虫病的诊断及防治措施探讨［J］．中兽医学杂志，2021，(08)：50-51.

[95] 杨光友．兽医寄生虫病学［M］．北京：中国农业出版社，2017.

[96] 龙飞，王治贵，杨兴武．一起牛肺线虫病的诊治［J］．贵州畜牧兽医，2008，32(06)：11.

[97] 沈秀英，张君．牦牛脑多头蚴病药物治疗试验［J］．动物医学进展，2009，30(01)：121-123.

[98] 李鸿康．牦牛脑包虫病的药物治疗［J］．青海畜牧兽医杂志，2014，44(04)：17.

[99] 扎西才让．牦牛脑包虫病的调查及防控［J］．畜牧兽医科技信息，2019，(10)：99-100.

[100] 叶春燕，毛航平. 犊牛蛔虫病的病因、检疫、诊断及其防治［J］．现代畜牧科技，2017，(11)：139.

[101] 李芳芳，张挺，周彩显，等．捻转血矛线虫病的研究进展［J］．中国动物传染病学报，2019，27(03)：107-111.

[102] 杨光友．兽医寄生虫病学［M］．北京：中国农业出版社，2017.

[103] 殷方媛．中国地区捻转血矛线虫遗传多样性的研究［D］．武汉：华中农业大学，2014.

[104] 王亚萍．浅谈牛捻转血矛线虫病中西医治疗方法［J］．中国畜禽种业，2010，6(03)：111-112.

[105] 陈清泉，林秀敏．牛羊捻转血矛线虫发育史和季节动态研究［J］．厦门大学学报（自然科学版），1982,（04）：481-490.
[106] 乔存梅．牦牛牛皮蝇病防控措施［J］．畜牧兽医科学（电子版），2022,（21）：169-171.
[107] 尼群．牦牛牛皮蝇病防治措施［J］．畜牧兽医科学（电子版），2019,（19）：115-116.
[108] 董永鸿，许正林．牦牛疥螨病的诊断和治疗［J］．甘肃畜牧兽医，2009，39（06）：36-37.
[109] 王学瑛．伊维菌素治疗牦牛疥螨病的疗效试验［J］．农家参谋，2022,（22）：94-96.
[110] 何金桂，王淑芳．甘肃天祝县牦牛、羊弓形虫病血清学调查［J］．畜牧与兽医，2016，48（11）：136-137.
[111] 贺安祥，叶忠明，甄康娜，等．牦牛球虫病防治［J］．四川畜牧兽医，2009，36（02）：52-53.
[112] 俄拉．牦牛球虫病的流行病学调查［J］．中国畜牧兽医文摘，2018，34（04）：128.
[113] 张凯慧，李东方，毋亚运，等．西藏部分地区牦牛球虫感染情况的调查［J］．中国兽医科学，2019，49（09）：1160-1166.
[114] 董岩．动物应激综合征的综合防治措施［J］．当代畜牧，2020,（08）：49-50.
[115] 肖延光，夏新萌，李莹，等．应激综合征的常见来源与防控对策［J］．养殖与饲料，2022，21（02）：129-131.
[116] 柳向凤，张雪，马琛．牛胃肠炎的预防与治疗［J］．中兽医学杂志，2022,（11）：18-20.
[117] 胡林波．牛胃肠炎的病因及其综合防治策略［J］．中国畜牧业，2024,（04）：88-89.
[118] 徐丹丹．牛胃肠炎的病因分析及综合防治［J］．畜牧兽医科技信息，2023,（12）：109-111.
[119] 王昇．牦牛前胃迟缓诊断与防治措施［J］．畜牧兽医科学（电子版），2021,（17）：67-68.
[120] 孙云龙，马进寿．牦牛前胃迟缓诊断与治疗［J］．畜牧兽医科学（电子版），2019,（06）：123-124.
[121] 才代阳．牦牛前胃迟缓的诊断与防治［J］．中国畜牧兽医文摘，2016，32（5）：214.
[122] 扎西多杰．牦牛瘤胃臌气的防治方法［J］．畜牧兽医科技信息，2019,（06）：56-57.
[123] 才黄卓玛．中西兽医结合治疗牦牛瘤胃臌气的方式与效果分析［J］．吉林畜牧兽

医，2022，43（07）：63-64.

[124] 杨秉山，罗绍霞．一例牦牛瘤胃臌气的诊治［J］．贵州畜牧兽医，2016，40（03）：48.

[125] 马元智，陈清文，胡广卫，等．高原牦牛瘤胃积食的病因及中药治疗［J］．中兽医学杂志，2023，（04）：16-18+21.

[126] 倪关英．高原牦牛瘤胃积食的病因及中药治疗［J］．中兽医学杂志，2021，（09）：23-24.

[127] 李启芳. 牦牛瘤胃积食原因及治疗［J］．畜牧兽医科学（电子版），2020，（12）：108-109.

[128] 谢志彬．牦牛瘤胃酸中毒诊断与治疗［J］．畜牧兽医科学（电子版），2019，（12）：105-106.

[129] 杨永霞．高寒地区育肥牦牛瘤胃酸中毒的治疗［J］．中国牛业科学，2018，44（03）：89-90.

[130] 张万元，乔有成．青海高原牦牛瘤胃酸中毒的治疗［J］．中国兽医杂志，2007，（10）：75.

[131] 刘慧．巧法治疗牛瓣胃阻塞［J］．畜牧兽医科技信息，2023，（05）：126-128.

[132] 李晓龙．冬末春初牛瓣胃阻塞的中西医结合疗法［J］．兽医导刊，2019，（3）：35-37.

[133] 鲁必均．巧法治疗牛瓣胃阻塞［J］．中国畜禽种业，2016，（10）：116.

[134] 徐进云，童玲．肉牛维生素 A 缺乏症的病因与防治［J］．养殖与饲料，2019，（12）：103-105.

[135] 张金龙．肉牛维生素 A 缺乏症的病因、临床症状与防治措施［J］．现代畜牧科技，2019，（09）：122-123.

[136] 陈纯久．奶牛维生素 A 缺乏症的防治［J］．畜牧兽医科技信息，2018，（08）：73-74.

[137] 李万财，王光明．高原牦牛铅中毒病的诊断与防治［J］．畜牧与兽医，2012，44，（03）：102-103.

[138] 崔助国，王亚民．牛铅中毒的诊断要点及防治措施［J］．畜牧兽医科技信息，2007，（09）：40-41.

[139] 陈兴富．牛铅中毒的诊治［J］．云南畜牧兽医，2011，（01）：24.

[140] 蒲元席，蒋丽萍，张亮．牛有机磷农药中毒的诊治［J］．中国畜禽种业，2014，

10(04): 98-99.

[141] 吴勇．牛有机磷农药中毒的救治[J]．养殖与饲料，2021，20(05): 99-100.

[142] 何顺仙，赵文涛，杞天龙，等．一起牛亚硝酸盐中毒的诊治[J]．云南畜牧兽医，2023,(06): 15.

[143] 杨百万．浅淡育肥牛尿素中毒诊断与治疗[J]．畜牧业环境，2020,(04): 92.

[144] 王浩，于如瑾，李荣．牛黄曲霉素中毒原因及防治措施[J]．畜牧兽医科学(电子版)，2020,(21): 73-74.

[145] 冯胜利．牛黄曲霉素中毒的原因及防治措施[J]．山东畜牧兽医，2020，41(05): 41-42.